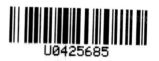

古树名木保护与复壮实践

北京金都园林绿化有限责任公司　编著

中国林业出版社
CFPH China Forestry Publishing House

《古树名木保护与复壮实践》
北京金都园林绿化有限责任公司　编著
策　　划：王佑芬
特约编辑：吴文静

图书在版编目（CIP）数据

古树名木保护与复壮实践 / 北京金都园林绿化有限责任公司编著 . -- 北京 : 中国林业出版社 , 2024.12
ISBN 978-7-5219-2690-3
Ⅰ . ①古… Ⅱ . ①北… Ⅲ . ①树木－植物保护 Ⅳ . ① S76

中国国家版本馆 CIP 数据核字 (2024) 第 084985 号

责任编辑　张　健
版式设计　柏桐文化传播有限公司

出版发行　中国林业出版社（100009，北京市西城区刘海胡同 7 号，电话 010-83143621）
电子邮箱　cfphzbs@163.com
网　　址　www.cfph.net
印　　刷　北京雅昌艺术印刷有限公司
版　　次　2024 年 12 月 第 1 版
印　　次　2024 年 12 月 第 1 次印刷
开　　本　889 mm×1194 mm 1/16
印　　张　15
字　　数　450 千字
定　　价　180.00 元

内容简介
Introduction

本书介绍了古树名木保护的理念与实操技术，包括国内外古树名木保护与复壮技术的研究现状、古树名木长寿原因及其环境因素影响分析、古树名木健康诊断、古树名木日常养护管理、古树名木保护复壮技术、12个古树名木保护复壮实操案例、2株古槐迁地保护移植案例及古树名木复壮工程监理等。

本书图文并茂，通俗易懂，具有科学性、实践性、适用性、先进性及可操作性，体现了古树名木保护管理的新技术、新工艺、新材料、新设备。在编写中，以古树名木保护管理为主线，以古树名木复壮为核心，将古树名木复壮及移植实操案例融入其中，具有较强的针对性。本书适于古树名木养护管理一线技术人员、研究工作者使用，也可作为古树、林学、园林、森林保护、森林培育等专业师生的参考用书。

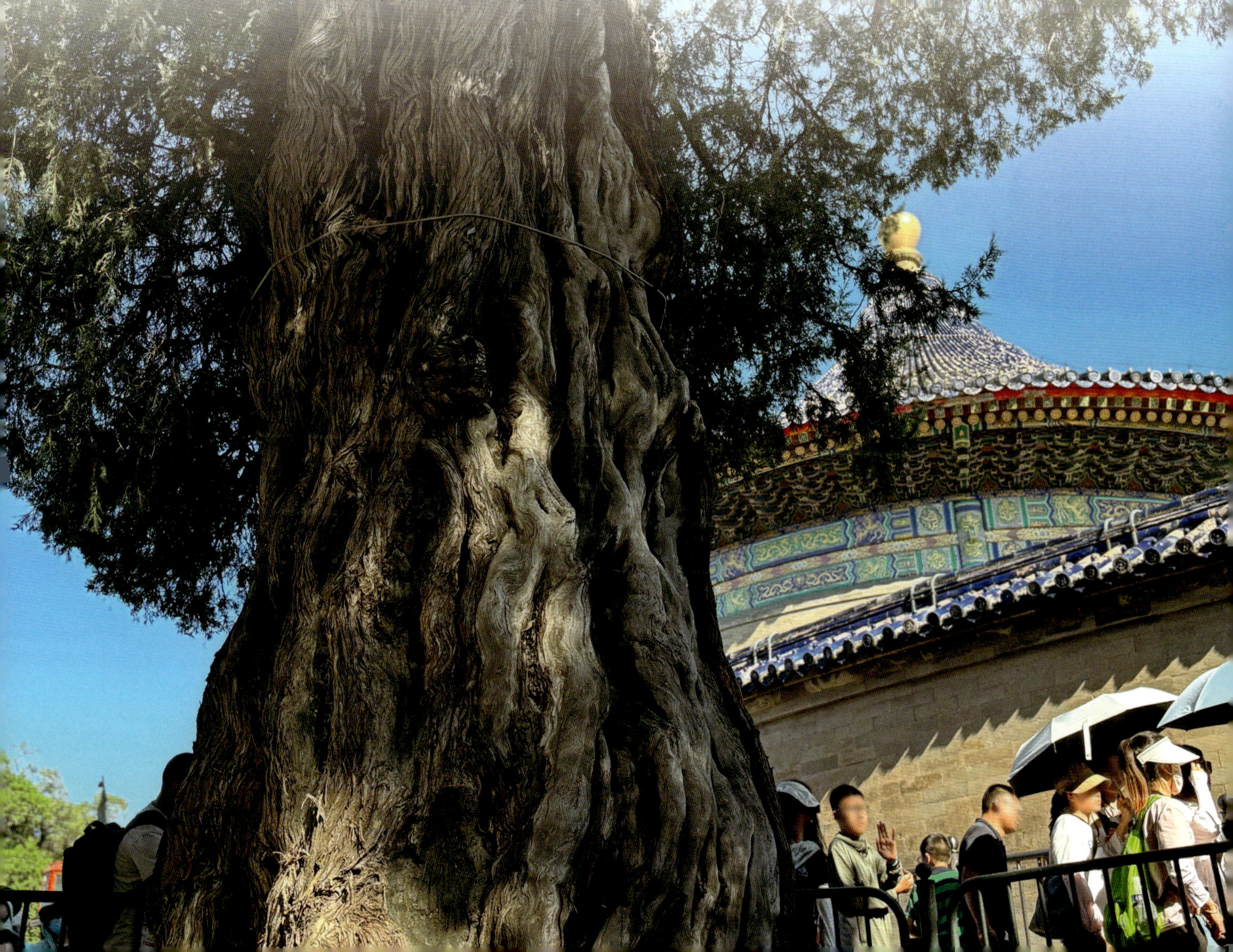

《古树名木保护与复壮实践》

编委会

主　任： 何　军

副主任： 袁学文

委　员： 殷桂艳　胡国锋　王发其　牛力文　王政清　石亚群
彭京玉　魏　筱　戴　刚　梁　晶　付　特　仇建忠
聂亚芳　齐如鹏　李继龙　王俊强　赵丹阳　郭　柳
于祥民　袁迎迎　焦　礼　杨俊杰

编写组

主要编著者： 何　军　袁学文　牛力文　王发其　王政清
戴　刚　湛金锁　高发明

参　编（按姓氏拼音排序）：
程国兵　董秋辰　高艳杰　黄　坤　贾慧慧　焦裕珍
孔爱辉　李嘉祺　李振星　刘　柳　刘宝强　汤　毅
王红玲　邢雪飞　于祥民　袁迎迎　岳　静　张　涵
张　欢　张依蕤　周志文　朱　力

主　审： 丛日晨　沈应柏　石进朝　郑　波

前言
Preface

古树是不可再生的、珍贵的自然资源，是研究自然与人类历史文化的活化石、活文物，是悠久历史和灿烂文化的佐证，有着极高的科学、经济和生态价值。本书由北京金都园林绿化有限责任公司从事古树保护的学者和一线实践人员编写。本公司前身是北京市园林局绿化处，成立于1955年，是新中国成立以来最早的市属园林绿化专业队伍，也是第一批获得国家建设部园林绿化一级资质的单位，长期致力于古树名木的保护及复壮实践工作。

本书简要地介绍了古树传统诊断看病的“四诊”法，即：望诊（用眼看）、闻诊（用耳听、用鼻嗅）、问诊（用口问）、切诊（用手触），探究其衰弱、濒危的机理与原因。同时，创新采用树木雷达波探根、应力波检测等新技术，对古树名木树干空腐检测、地下根系分布情况等进行无损检测，提高树木诊疗的科学性和精确性，为后期古树名木精准复壮、防护避让、树干空洞修补、加固支撑、防灾预警等复壮工作提供强有力的技术支撑。

基于国家、行业、地方及企业标准技术要求，本书结合本公司树木综合医院实施的古树名木复壮、迁地保护及监理工程案例，介绍了古树名木立地环境综合改良、树冠整理、仿真修复、树体支撑与加固、围栏安装与维护、病虫害绿色防控、避让防护、迁地保护等保护技术措施，重点介绍了如何根据不同古树名木特点采取“一树一策”的救治措施，使古树名木延长寿命、重新焕发生机。截至2024年，本公司已完成抢救复壮槐、银杏、侧柏、白皮松等古树名木2000余株。

本书具体编写分工如下：第1章由何军、孔爱辉、张涵编写；第2章由袁学文、黄坤、张依蕤编写；第3章由牛力文、高发明、贾慧慧编写；第4章由王发其、张欢、朱力编写；第5章5.1节由戴刚、李振星编写，5.2节由湛金锁、朱力、刘柳编写，5.3节由王政清、邢雪飞编写，5.4节由周志文、岳静编写，5.5节由牛力文、张欢编写，5.6节由程国兵、李振星编写，5.7节由袁学文、李嘉祺、于祥民编写；第6章6.1节由王发其、张欢编写，6.2节由何军、邢雪飞编写，6.3节由周志文、岳静编写，6.4节由刘宝强、李嘉祺编写，6.5节由王政清、邢雪飞编写，6.6节由湛金锁、李嘉祺编写，6.7节由于祥民、高发明编写，6.8节由王发其、董秋辰编写，6.9节由袁学文、张欢编写，6.10节由邢雪飞、李嘉祺编写，6.11节由戴刚、汤毅编写，6.12节由王政清、王红玲编写；第7章由何军、刘宝强、李振星编写；第8章由袁迎迎、高艳杰、焦裕珍编写；附录A由孔爱辉、张涵编写，附录B至附录H由高发明、朱力、贾慧慧编写，附录I由李嘉祺编写。全书由高发明统稿，由北京市园林绿化科学研究院丛日晨、北京林业大学沈应柏、北京农业职业学院石进朝、北京市园林绿化资源保护中心郑波任主审。

本书图文并茂，既可供古树名木保护研究工作者和技术人员使用，也可作为林学、园林、森林保护、森林培育等专业本科生与研究生的教学参考书。

由于编者水平有限，书中错误之处在所难免，望广大读者指正。

北京金都园林绿化有限责任公司

2024年9月

目录
Contents

第1章

绪论

1.1 古树名木的概念和分级

1.1.1 古树名木的概念

古树是指树龄在100年以上的树木。根据《古树名木评价规范（DB 11/T 478）》，古树树龄的确认方式包括：①有明确文献、档案等记载的，按记载年代确定古树树龄；②暂不能确定树龄的，按树木胸径确认；③特殊、极端条件下生长的树木，以专业鉴定的树龄为准（如生长于山区不良立地条件下的树木及生长于建筑物、构筑物的本体、古文化遗址、古代墓葬之上及其周边3 m范围以内的树木）。此外，部分承载着历史、文化、乡愁，具有一定代表性的濒危物种、种质资源等经济树种的珍贵单株，经论证后按程序纳入古树保护范围。但以采果为目的的经济树种（枣树除外）和无突出历史、文化价值的杨属、柳属树种原则上不确认为古树。

名木是指具有重要历史、文化、观赏与科学价值或具有重要纪念意义的树木。根据《古树名木鉴定规范（LY/T 2737）》，符合下列条件之一的树木属于名木的范畴：①国家领导人物、外国元首或著名政治人物所植树木；②国内外著名历史文化名人、知名科学家所植或咏题的树木；③分布在名胜古迹、历史园林、宗教场所、名人故居等，与著名历史文化名人或重大历史事件有关的树木；④列入世界自然遗产或世界文化遗产保护内涵的标志性树木；⑤树木分类中作为模式标本来源的具有重要科学价值的树木；⑥其他具有重要历史、文化、景观和科学价值或具有重要纪念意义的树木。

古树名木在国家标准《城市古树名木养护和复壮工程技术规范（GB/T 51168）》中被定义为树龄在100年以上的树木，珍贵、稀有的树木，具有历史、文化、科研价值的树木和重要纪念意义的树木等。

1.1.2 古树名木的管理

古树名木实行分级管理，国家相关部委和多个省份在其相关管理办法及规范里对古树名木及其保护等级进行了划分。

中华人民共和国住房和城乡建设部（以下简称“住建部”）于2000年9月1日发布的《城市古树名木保护管理办法》将古树名木分为一级和二级，凡树龄在300年以上或者特别珍贵稀有、具有重要历史价值和纪念意义或重要科研价值的古树名木为一级古树名木，其余为二级古树名木。

国家林业局（现国家林业和草原局）于2016年10月19日发布的《古树名木鉴定规范（LY/T 2737）》中将古树分为三级，树龄500年以上的树木为一级古树，树龄在300~499年的树木为二级古树，树龄在100~299年的树木为三级古树。

国家林业和草原局2023年9月25日发布的《古树名木保护条例（草案）》第四条提出对古树实行分级保护。树龄 500 年以上的古树实行特级保护；树龄 300 年以上不满 500 年的古树实行一级保护；树龄 100 年以上不满 300 年的古树实行二级保护。名木不受树龄限制，实行特级保护。

全国多地在古树名木保护管理过程中对古树名木保护等级进行细化。广西、陕西将树龄1000年及以上的树木列为特级保护，形成特级、一级、二级和三级保护体系。天津市将树龄100年及以上的古树实行一级保护。福建省在树龄的基础上结合古树分布进一步细分保护等级，城市规划区内的二级及以上古树实行一级保护，城市规划区内的三级古树实行二级保护，名木不受树龄限制，实行一级保护。青岛市将树形奇特或在风景点起重要点缀作用的树木纳入名木范畴进行保护管理。

1.2 古树名木保护与复壮的意义

古树名木素有“林木瑰宝”“活文物”“绿色古董”“绿色名片”“时空坐标”之称，具有重要的科学、文化、历史、生态和经济价值，是不可替代、不可再生的稀缺资源。2015年，国务院印发的《关于加快推进生态文明建设的意见》要求“切实保护古树名木及自然生境”。随着国家生态文明建设不断深化发展，人们逐渐认识到保护古树名木资源对于保护城市绿色文脉传承和发展的重要意义，社会各界对古树名木的关注度极高，古树名木的科研、经济及旅游价值也日益增长，相关保护及复壮举措愈发完善。

1.2.1 景观及旅游

一株古树名木就如同一处引人入胜的景观，是超越时间和空间局限且不可复制的自然人文景点，代表着民族和地域的文化，镌刻着时代的印记，具有强烈的景观震撼力。黄山迎客松生长于悬崖峭壁之上形成了人工难以造就的自然景观；上海的古白玉兰盛花期时满树洁白如云似雪，形成了陈云故居的独特景观；杭州临安的古银杏是国内最古老的银杏树，树龄近1.2万年，其形如一条巨龙在高空飞翔，被誉为“浙江省最美银杏树王”。

古树名木因其特殊观赏价值和历史人文价值，同时兼具旅游观光价值，全国多地将古树名木打造成网红旅游点。古树名木助力乡村旅游，2022 年黄山市开展“跟着古树名木去旅游”系列活动；2023 年北京市推出“熠熠奋斗史”“漫漫求索路”“铮铮不屈骨”以及“泱泱华夏情”4 条夏季红色主题古树游线。

1.2.2 生态及科研

一株古树名木就如同一个丰富的生态系统，为鸟类、猴类、蛇类、昆虫及菌类等生物提供栖息场所和生存条件，参与生态系统的物质循环和能量流动。古树树体高大、冠幅宽阔、根系发达，具有显著的固碳释氧、滞尘降噪、保持水土、保护生物多样性等生态效益。

古树名木经历了大自然无数次的劫难并顽强存活至今，是研究自然科学的标本。其蕴含极其丰富的生物信息，是研究区域古气候、植物分布和生态变化的重要实证资料。针对古树名木开展科学研究可获取当地气候、水文、植被、环境的变迁信息，为众多科研领域提供依据。

1.2.3 历史人文

古树名木历经沧桑，是历史信息的记录和传递者。古树名木散生于景区、庙宇、祠堂或村寨内外，与宗教、民俗文化融为一体，蕴藏着丰富的历史价值。陕西省黄陵县轩辕庙的古柏相传是轩辕黄帝亲手栽植，树龄约5000年，至今仍苍翠挺拔、枝繁叶茂，见证了中华民族的发展历程。邓小平同志南巡时在深圳仙湖植物园种植的高山榕象征着特区的改革开放事业像高山榕一样有强大的生命力，具有重要的划时代意义。

1.2.4 经济价值

一株古树名木就如同一处珍贵稀有的宝藏，树木的叶、花、果实、种子可供食用或药用，具有独特的经济价值。黄花梨、黄檀、小叶红豆、木荚豆和楠木等珍贵木材价格甚至不低于黄金。古龙眼可作为杂交育种的亲本，是重要的经济植物和园林植物母本。古樟能提供大量果实用于育苗、工业或药用。浙江诸暨赵家镇的香榧古树树龄逾1300年，集食用、药用、油用、材用和观赏性于一体，最高年产香榧达750千克，是该地区广大农民的重要收入来源。古树的衍生价值较高，其叶片、果实或种子制成的旅游纪念品深受人们喜爱。

1.3 国内外古树名木保护的现状

1.3.1 国外古树名木保护现状

1.3.1.1 古树名木的信息管理

全球古树资源十分丰富，古树数量巨大，虽未有科学的估算数据，但各国也在陆续开展古树资源调查。经统计，国外常见的针叶古树资源包括冷杉、扁柏、落叶松、云杉、南洋杉、智利乔柏、雪松、柳杉、柏木、刺柏等，阔叶类古树资源包括槭树、山核桃、夹竹桃、桉树、榕树、栗树、朴树、山茱萸、水青冈、鹅掌楸等。

国际植物园保护联盟（Botanic Gardens Conservation International，BGCI）建立了木本植物在线数据库全球树木搜寻（Global Tree Search），为古树类群检索提供了丰富的数据，但全球古树存量巨大，目前尚未有科学的估算数据。英国在2004年启动整理了一个记录树龄、位置分布、规格和生长状况的古树名木数据库古树名录（Ancient Tree Inventory，ATI），并设立林地和古树保护慈善机构Woodland Trust（WT），将英国威尔士的圣新那哥教堂墓园的欧洲红豆杉认定为世界十大古树之一。此外，比利时、波兰和德国等也建立了古树登记机构，其他国家还相继将本国重要古树命名为美国国家树王、南非树王、新加坡遗产树和澳大利亚国家大树等。

国外很多国家已经将地理信息系统（GIS）技术应用到古树名木的研究中。美国森林调查局开发了全国林业资源信息显示系统；日本国土地理院建立数字国土信息系统，用来存储、检索和处理测量数据、土地利用、行政区划、地形地质等信息。在欧盟、加拿大一些发达国家，无论是GIS技术的研究还是其应用的领域都取得了多项成果。在古树名木信息系统方面的研究也层出不穷，运用GIS建立区域信息系统与专题信息系统。古树名木地理信息系统主要用GIS技术建立环境信息系统和地理信息模型，对古树名木数量、种类的变化和发展趋势进行预测分析，同时通过统计、模拟研究、分析为古树名木的保护提供决策性的依据。此外，GIS技术也用来建立植物种类、栖息地和与环境因素有关的信息系统。

1.3.1.2 古树名木的树龄鉴定

国外对古树树龄的鉴定研究开展较早，且有相对成熟的研究方法和仪器设备。目前较为成熟的有德国生产的LINTAB年轮分析系统，加拿大生产的WinDENDRO年轮扫描测量系统。C14测定法是美国人利比于1947年创立的，后由爱尔兰、德国和美国出版和发布了多版校正曲线，其中IntCal20是新建立的C14定年法校正曲线。

1.3.1.3 古树名木的生理研究

国外关于古树生理研究方面文献也较多。在全球变暖大环境的影响下，古树的冬季休眠期变短，生长节奏遭到扰乱、生长速率和光合作用受到负面影响；酸雨腐蚀嫩叶和嫩枝，导致古树生长衰弱。

1.3.1.4 古树名木的保护及复壮技术

在美国、德国等西方国家，树龄大于50年的树木被认定为古树进行保护。日本研究出了树木强化器，埋于树下完成树木的通气、灌水及供肥等工作；美国发明了肥料气钉，用于解决古树表层土供肥问题；德国在土壤中采用埋管、埋陶粒和气筒打气等方法解决通气问题，用钻打孔灌液态肥料，以及修补、支撑等外科手术保护古树；英国探讨了土壤坚实、空气污染等因素对古树生长的影响。

与此同时，许多西方国家都在古树保护中使用了应力波断层成像为主的无损检测技术，可以测定树木内的虫蛀、白蚁危害、空洞、腐烂程度等，如 Resistograph 阻抗图波仪既能测定树木内部的腐烂程度，又能检测树龄及虫害。应力波断层成像技术的主要产品设备包括匈牙利 Fakopp2D 应力波检测仪，德国 PICUS 弹性波古树断层画像诊断装置和 ARBOTOM 脉冲式树木断层成像仪等。在古树树龄研究方面，日本学者侧重运用现代科技手段和统计方法进行测定研究，达到了较好的研究成果。

1.3.1.5 古树名木的健康评价方法

国外关于树木健康状况的研究起步较早。许多国家已经制定了定期检查园林树木的制度，如新加坡每隔1.5年安排拥有执业资格的园艺师对城市树木健康状况进行彻查；美国明确规定，必须定期对园林树木进行检查。20世纪60年代，有研究人员基于树木衰败迹象、树木大小和树种等对某些树木健康进行预测时，建立了Paine系统以及树木潜在伤害数据系统。20世纪80年代，相关学者建立了树木危害等级系统，包含了枝条、树干、根区和树木位置等大类共计85个指标，反映较为全面。在此之后，有学者构建了1~5个登记的评价体系，涵盖了目标评价、树势、树木结构和树木生长环境等四大类11个指标，随后又证明反映树木健康状况的3个重要指标是倾斜状况、树干状况和树势。有学者在研究确定古树健康状况方面，选择衰弱、徒长枝、顶梢枯死、落叶、叶枯萎、叶焦、叶斑和黄叶病等作为主要指标。同时，也有学者采用坏死、虫害、病害、顶梢枯死、黄叶病、落叶与长势等作为主要指标并采用相同的方法来确定古树健康状况。

1.3.1.6 古树名木的价值评价研究

20世纪90年代，西方学者的研究大多集中在古树复壮、保护以及古树价值评价等方面。同时，认为保护古树应首先明确树木价值，并指定要保护的对象，对古树开展具有实效的养护措施，全国范围内调查古树资源，保证国家预算和固定投入资金以确保树木的生长和特殊管理系统的需要并制定标准的永久性的特殊保护标识。

1.3.2 国内古树名木保护现状

1.3.2.1 古树名木的信息管理

我国目前共开展过2次全国性古树名木资源普查工作。第一次是2001—2005年，2005年公布的结果显示，不包括东北、内蒙古、西南西北等国有林区，以及森林公园和自然保护区，全国共有古树284.7349万株。其中，一级古树（树龄500年以上）数量为5.1107万株，占比1.8%；二级古树（树龄300~499年）数量为104.2945万株，占比36.6%；三级古树（树龄100~299年）数量为175.3297万株，占比61.6%。

第二次是2015—2021年，普查结果显示共有古树名木508.19万株，其中，散生古树名木122.13万株，群状古树名木386.06万株。散生古树名木中，古树121.4865万株、名木5235株、古树且名木1186株。从城乡分布上看，城市分布有24.66万株，乡村分布有483.53万株。从省份分布上看，云南是古树名木资源最丰富，达到100万株。陕西、河南、河北超过50万株；广西、江西、贵州、福建、内蒙古、湖南、山东、浙江超过10万株。全国散生古树名木按权属划分，国有18.2万株，集体91.0万株，个人12.4万株，其他0.5万株。

我国基于地理信息系统（GIS）对古树进行针对性的研究已取得了多项成果，利用GIS技术的空间信息管理功能，有效地更新、管理、维护了古树名木的空间信息数据。2000年甘常青开发出了3套“古树管理系统软件”。温小荣等初步建立了“中山陵园古树名木地理信息系统”。王春玲等开发了“北京市古树名木管理信息系统”，初步实现了古树档案数据库管理，大幅度提高了古树监管效率。

1.3.2.2 古树名木的树龄鉴定

1983年，郭永台提出用树皮确定树木年龄的方法。1984年，广州市园林科学研究所完成了广州市古树名木树龄鉴定技术，独创了“三段计算法”，该方法需要进行取样，属于有损监测。而后，北京市园林绿化科学研究院研发一种活古树无损伤年龄测定技术、利用气象数据建立古树定年标准曲线的技术，引入GPS、全站仪等精密仪器和交叉定年技术，建立回归模型估测树龄，提出了人文史料鉴定、侧枝年轮鉴定、树木针测仪鉴定、CT测龄法、C14测定法、CAD图像法等多种古树年龄鉴定方法，为古树名木的精准调查和管理奠定良好的基础。

1.3.2.3 古树名木保护的相关制度及法规

我国自古以来就有崇拜和保护古树的传统，许多古树名木以法律法规和乡规民约等形式保留至今。我国对于古树名木的保护从改革开放后逐步推进，目前全国多个省份均建立了古树名木保护制度。

（1）现有相关制度及法规

1982年，国家城市建设总局印发《关于加强城市和风景名胜区古树名木保护管理的意见》，提出了古树名木是国家的财富，要像文物那样对古树名木进行保护管理，严禁砍伐、移植，严防人为和自然的损害。1983年，上海市颁布了全国首部《古树名木保护管理规定》。1996年，全国绿化委员会印发了《关于加强保护古树名木工作的决定》及其实施方案。1998年，北京市印发了《北京市古树名木保护管理条例》。2000年，住建部发布了《城市古树名木保护管理办法》，加强对城市范围内古树名木的保护和管理。2009年，全国绿化委员会（以下简称"绿化委"）、国家林业局下发了《关于禁止大树古树移植进城的通知》，提出要采取切实有效的措施，坚决遏制大树古树进城之风。

随着2001—2005年第一次全国古树名木建档普查工作的完成，北京、上海、天津、山西、浙江等省份绿化委和林业厅联合下发《关于进一步加强古树名木管理工作》，江苏、江西、海南、山东及成都等省、市出台古树名木保护管理条例、办法和规定，结合实际情况，多措并举，加强古树名木保护和管理工作规范化、常态化、标准化。2011年，国务院发布《城市绿化条例》，要求"对城市古树名木实行统一管理，分别养护""严禁砍伐或者迁移古树名木"。2014年，全国人民代表大会常务委员会（以下简称"人大常委会"）第八次会议修订的《环境保护法》第二十九条规定"各级人民政府对古树名木应当采取措施加以保护，严禁破坏"。2015年4月，中共中央国务院印发《关于加快推进生态文明建设的意见》，要求"切实保护珍稀濒危野生动植物、古树名木及自然生境"。2018年，《农村振兴战略实施意见》明确提出对古树名木的全面保护。《中华人民共和国宪法》第九条第二款规定"保护珍贵的动物和植物"。2019年，全国人大常委会修订的《中华人民共和国森林法》第四十条规定"国家保护古树名木和珍贵树木，禁止破坏古树名木和珍贵树木及其生存的自然环境"，成为国家依法保护古树名木的里程碑。《最高人民法院、最高人民检察院关于适用〈中华人民共和国刑法〉第三百四十四条有关问题的批复》于2019年11月19日由最高人民法院审判委员会第1783次会议、2020年1月13日由最高人民检察院第十三届检察委员会第三十二次会议通过，并于2020年3月21日起施行。北京市于2022年颁布《〈北京市古树名木保护管理条例〉实施办法》。

（2）目前存在的问题

虽然全国17个省份及部分城市制定了管理办法，但都较为笼统，执行力不够，相关法律政策不健全。具体表现：一是实践中古树名木并未列入危害国家重点保护植物罪的犯罪对象。二是《城市古树名木保护管理办法》中将古树名木分为两级保护管理，而《古树名木鉴定规范（LY/T 2737）》将古树分为三级，名木则不分级，部分地方的立法中还规定有古树名木后备资源。三是古树名木保护立法等级偏低。

两会中，多位全国人大代表提议持续推进古树名木保护法治建设和制度完善。一方面，明确将古树名木纳入危害国家重点保护植物罪的犯罪对象中，确定犯罪量刑标准。全国各地建立起覆盖普查、鉴定、复壮、管护等全过程的技术标准体系，推动古树名木保护纳入各级林长制督查考核和林长制网格化管理范畴。另一方面，目前城市古树名木占比4.85%，乡村古树名木占比95.15%。多地城市通过为古树建造主题公园、城市交通，为古树名木让道等积极举措，充分展现了对古树名木的高等级保护意识。然而，在乡村地区，由于保护意识相对薄弱和资金匮乏等，许多古树名木正面临濒危甚至死亡的风险。因此，针对乡村古树名木的保护工作，亟须完善法律法规，制定切实可行的古树名木保护体系，形成长效保护机制，确保这些珍贵的自然遗产得到有效保护和传承。

1.3.2.4 古树名木的保护及复壮技术

20世纪80年代，对于生长状态不好、患有病虫害、生存环境恶劣等处于危险状况的古树名木，开始有复壮及保护技术的研究。1979—1990年北京市园林科学研究所李锦龄先后主持了“北京市公园古松柏生长衰弱原因及复壮措施的研究”“北方古树复壮技术的研究”以及“北京市濒危古树复壮技术的研究”等课题。对北京市主要的古树树种桧柏、侧柏、银杏、油松、白皮松的衰弱原因进行了系列研究，指出了古树周围土壤的改良方法，为古树的健康状况诊断提供了可靠的标准。

针对被埋、衰弱、受伤及死亡根系的古树，潘传瑞和胡宝君等人开始采用桥接换根法进行抢救复壮。2014年，中国林业科学研究院采用扦插技术成功繁殖了黄帝手植柏幼15株苗，攻克了轩辕柏的无性繁殖技术难题，标志着我国古树扩繁保护取得突破性进展。2019年，全国首批古树名木抢救复壮试点工作启动，抢救复壮了北京北海的“白袍将军”、浙江景宁大漈“柳杉王”等一批国内有影响的重点古树。陕西将对5株树龄5000年以上的古树实施“一树一策”保护和实时监测。成都实施“一树一策”“救护复壮、精准施策”，对珂楠古树、千年香果树古树等15株一级古树名木开展重点救护，救护后树势明显好转。适量修剪、挖复壮沟、改善生境是当下普遍适用的技术。我国北方地区树洞修补的材料，从早期以水泥、砖头、瓦块填充修补，到外侧用木板做成树干修补，到发泡剂填充，再到现在大多情况下只封堵不填充，树洞修补技术逐步生态化。

1.3.2.5 古树名木的健康评价方法

目前，国内关于古树健康评价方面的研究较少，还处于起步阶段，大部分研究集中在古树名木的健康以及保护措施与对策等方面，构建健康评价指标与评价体系仍处于探索阶段。林玉美等主要利用生长势判断生态环境质量状况。千庆兰则依据树木活力度来确定古树的健康状况，主要评价指标包括叶的形状和颜色、枝叶密度、枝条枯萎状况、新梢生长和树形等。有部分学者则根据外部表现与病虫害状况来判断古树生长状况。翁殊斐等从根部、树干、树冠和整体状况等方面进行研究，利用层次分析法构建古树健康评价体系，确定了3个权重值较高的指标，分别为树干状况、倾斜状况和树势。黎彩敏等运用层次分析法建立了古树健康评价模型，确定了根部通气透水性、根部损伤、树干损伤、树干病虫害、干基腐朽、腐朽枝、枝叶虫害、枝叶病害、枯枝、叶斑或变色、寄生、顶梢枯死、倾斜和树势等14个评价指标以及其所对应的权重，并将树木健康程度分为5个等级。王巧则在泰山油松古树衰老机理与树势评价的研究中，根据层次分析法构建了泰山油松古树树势评价体系，确立了4个准则层和14个指标层。只采用外部指标直接评价古树健康并不具有说服力。因此，通常采用层次分类法，将各个评价指标进行归类并加以赋值。

在古树的无损检测领域中，采用超声应力波检测技术测定树木内部健康状况，具有成本低、携带方便、无辐射、结果精度高和不会破坏木材等优点，能够呈现二维或三维的树干断层图像，显示缺陷的轮廓。刘颂颂等在研究东莞古树名木的健康状况时，通过树木断层画像诊断仪对古树进行安全性评价。同时，探地雷达检测可以对树木根系进行完整性检测，对树干进行断层扫描，并形成直观的图像。

1.3.2.6 古树名木的标准及规范

古树名木的标准规范最早制定于2007年，多数集中在2016年至今，区域以北京、上海、山东、广西及广东等省份为主。在全国标准信息公共服务平台上，以“古树”为关键词，共搜索到古树名木鉴定、普查技术、健康评价、保护复壮、价值评估等方面的国家标准1项，行业标准8项，地方标准38项，见附录A。

1.3.2.7 古树名木的价值评价研究

中国古树名木价值评价起步较晚。2005年开始，国内学者主要以基本价值、生态价值、科研价值、景观价值、社会价值、经济价值、自身价值、历史文化价值、自然价值、文化价值、美学价值、资源价值、文学价值、游观价值中的三项或多项作为古树名木价值评价的要素。其中，基本价值、生态价值、社会价值为使用频率较多的前三个要素。

古树名木的评价方法，先后有原木法、现行市价法、条件价值法、层次分析法、程式方程法、专家打分法、比较分析法、文献归纳法、实地调研法、问卷调查法，但这些方法并不能做到完全客观地反映古树名木的价值。再者，我国目前对古树名木价值的货币化评估有多种计算公式，但没有统一的标准和权威的评估公式。

杨娸等以“遮阴侯”为研究对象，通过开展城市古树名木综合价值货币化评估研究，计算出其综合价值（历史文化价值、景观价值、生态价值）为413.57万元。董家鑫、冯国庆等学者运用ChatGPT与层次分析法（AHP）相结合的方式对聊城市侧柏、槐、皂荚等9株一级古树进行综合价值（社会价值、生态价值、经济价值）评估，经AHP计算得出古树综合价值为1252.46万元。越来越多的古树名木综合价值货币化评估数据，为古树名木管理保护的投入成本、损失案件的计算提供依据。

1.3.2.8 古树名木的保护及复壮实践

认养古树、建立古树公园、古树投保等措施也在探索古树保护中逐步开展。1995年，上海市在全国率先发起认养古树活动，上海市绿化和市容局将200棵古树名木3~20年的投标保护权、肖像拥有权和无害使用权委托上海市古树名木保护办公室进行有偿转让，发动社会各界“认养”管理古树。2002年，上海嘉定区安亭镇古树公园是国内首批建设的古树公园。古树公园以古树为保护主体，通过建设主题公园来保护古树的生长环境，弘扬古树文化，这是十分有意义的尝试。2009年，重庆市某民营企业为该市文化宫内的20株古树购买古树保险，保额400万元，这是国内首单古树保险。2019年10月，福州以永泰县为试点，在全省率先实施“古树名木+保险”机制，选取409株古树作为试点保护对象，投保古树名木损失险和古树名木公众责任险，保额合计180万元。

近年来，我国多地在积极探索开展古树名木主题公园、古树保护小区、古树乡村、古树街巷、古树社区等保护新模式。成都持续推进古树小游园、古树主题公园、古树群落公园建设，已建立了红豆杉、楠木、太鹏鲸柏等12座古树公园，全面改善古树名木生长环境，提高公众知晓度。北京因地制宜，现已推出20余处试点。截至2022年，上海市已建成5座市级古树公园：浦东新区的古蜡梅园和古银杏园、奉贤区的三桑公园、松江区的千年古银杏园、嘉定区的紫气东来公园。广东省计划到2027年，全省将建成古树公园100个。福州省福州市已建成古树微公园41个。

古树名木保护与复壮实践

第2章

古树名木长寿原因及其环境因素影响分析

古树名木衰弱、濒危甚至死亡，是古树名木自身内在因素与地上地下生长环境、人为影响等外在因素共同作用的结果。树木医生探究其衰弱、濒危的机理与原因，制定针对性的保护方案，实行“一树一策”，使古树名木延长寿命、重新焕发生机。

2.1 古树名木长寿的原因

由于树种受自身遗传因素的影响，树种不同，其寿命长短不同，由幼年阶段进入老年阶段所需要时间不同，成为影响古树生命的内在因素。一般针叶树种的寿命比阔叶树长，如陕西黄帝陵的轩辕柏树龄达5000年。树木的遗传基因对其寿命也起着重要作用。一些树种具有根系发达、萌芽力强、生长缓慢、抗病虫害能力强、种子繁殖等特征，这些特征有助于延长树木的寿命。

2.1.1 生长能力

通常来说，生长速度较快的树种会比生长速度较慢的树种寿命相对较短。这是因为生长速度快的树木往往代谢活跃，生命活动强烈，由于资源消耗较大，容易在较短时间内达到生命周期的尽头。另一方面，生长缓慢的树种木材密度较大，抗压和抗极端天气的能力都比较强，有助于古树的生存。

2.1.2 根系发达

古树多数是深根性树种，主侧根系十分发达。由于根系延伸得既深且远，使其能够高效地吸取生长发育所必需的水分和营养。同时深根性赋予了古树名木极强的固地、支撑、抗风和耐旱能力。发达根系为古树长期生存提供了良好的保障。

2.1.3 萌芽力

大多数古树名木都具有萌芽力较强的特性。根部萌芽力强可以为已经衰弱的树体提供必要的营养和水分；茎部萌芽力强可以很快恢复树势，比如树梢及枝条折断后很快萌发新梢，恢复生长。

2.1.4 抗病虫害能力

古树名木一般都具有抗逆性较强的属性。但古树随着树龄的增长，树木处于衰老阶段，生理机能下降，抗逆性减弱，易遭受如天牛、小蠹虫、白蚁、腐朽菌、枝枯病等有害生物的危害。其中，古树主干上聚集类似蘑菇的子实体是木腐病的典型症状，侵染木质部，使之腐朽，在恶劣天气条件下容易发生倒伏。此外，病害、虫害、鼠害以及寄生植物等导致古树名木抵抗力下降。病害和虫害会破坏树木的叶片、枝干和根系等部位，影响树木的光合作用和养分吸收；寄生植物侵占古树名木的生存空间，竞争光照、水分和养分等资源。

古树名木的抗病虫害能力强对古树的生长尤为重要。研究发现，长寿树种多数体内含有特殊的有机化学成分，这些有机化学成分具有抑菌杀虫的作用，表现出较强的抗病虫害能力。此外，大多数古树分布零星分散，因此生存在通风透光的环境，且生长势较好，遭受病虫侵染的风险也较少。

2.1.5 种子繁殖

古树主要起源于种子繁殖。种子繁殖的树木根系发达、抗逆性强、适应性广、可塑性较大，具有较强的抵抗力和适应性，可以在不同的环境条件下存活和生长。种子繁殖可以通过交叉授粉和自交授粉等方式，增加植物的遗传多样性。这对于植物的进化和适应环境变化具有重要意义（束庆龙等，2022）。

2.2 古树名木环境因素影响分析

2.2.1 灾害性天气影响

大风、雷电、干旱、雪压、雨淞、冰雹等，会导致古树名木出现树干受损、破皮、树洞、主枝死亡等现象，使之树冠失衡、树体倾斜，树势衰弱甚至死亡。如冻雨、冰挂、大雪或暴雪、大风或台风等气象条件可能直接导致枝干断裂（图2-1）和树木倾倒（图2-2），从而对古树名木的结构完整性构成严重威胁。暴雨或连绵降雨会导致根系周边积水和水土流失，影响古树名木的稳定性和生存环境。干旱条件下，土壤水分含量下降，导致根系供水不足，进而引起枝叶枯萎和整体树体失水，长期干旱还可能导致古树名木因水分胁迫而死亡。雷电活动产生的高压电流可能对树木的皮层、输导组织造成损伤或引发火灾，从而影响古树名木的生长和存活。各种灾害性天气的出现导致区域内部整体自然环境发生剧烈变化，进一步加剧古树名木衰弱的同时，也不利于其抵御外部侵害（姚剑飞等，2013）。

2.2.2 立地环境改变

植被结构改变：常年栽植冷季型草坪，需水增多，造成不耐湿涝的古树名木（如油松、白皮松、侧柏、桧柏等）根系缺氧，使其根系生长不良，甚至烂根（束庆龙等，2023）。

硬质铺装及树池：硬质铺装如水泥、砖块等材料的不当使用，以及树池面积的缩小，加大了地面硬度，降低了土壤的通透性，容易形成地面径流，减少了土壤水分的积蓄。古树名木根系常处于透气、营养与水分极差的环境中，同时树木地下与地上部分气体交换受阻，导致树木生长受限，甚至影响其整体健康和寿命（章银柯等，2019）（图2-3）。

图2-1　树干破损

图2-2 树木倒伏

图2-3　地上硬质铺装影响古树生长

建筑物遮挡：高大建筑物会阻挡空气流通，减少古树名木接收到的阳光，直接影响古树名木的生长速度和健康。由于建筑物的阻挡，古树名木的一侧可能得不到足够的光照，导致该侧的枝叶生长受限，而另一侧则可能过度生长。这种不均衡的生长会导致树木形成偏冠。高大古树名木在遇到极端天气下，由于重心偏移和枝条分布不均衡，更容易遭受破坏（图2-4）。

2.2.3 人为干扰

施工损毁：《北京市古树名木保护管理条例》第十五条提及建设项目涉及古树名木的，在规划、设计和施工、安装中，应当采取避让保护措施。避让保护措施由建设单位报园林绿化部门批准，未经批准，不得施工。因特殊情况确需迁移古树名木的，应当经市园林绿化部门审核，报市人民政府批准后，办理移植许可证，按照古树名木移植的有关规定组织施工。然而在实际工作中不少施工单位对古树保护红线含糊不清，私自在古树周边开挖、堆土、抬高地坪等，造成古树根系遭受破坏甚至引起断根倒伏的严重后果（庄春夏，2020）。在古树名木树冠垂直投影5m范围内修建构筑物、铺架管线、围坝蓄水、修建道路、铺设地砖以及施工等，会改变根系范围土壤理化性质、地下水位，使根系及树冠生长空间受到严重影响。土壤堆积在古树周围或有目的给古树过度覆土，造成埋干，使树根周围的地面显著抬高，会导致树木呼吸受阻（张鑫等，2007）。

过度践踏：位于公园、街道等人口密集场所的古树，由于未及时设置保护措施，造成人类活动的过度践踏，使得土壤密实度增高，导致土壤板结、团粒结构遭到破坏、通透性能及自然含水量降低，使根系的有氧呼吸、营养运输和伸展严重受阻（章银柯等，2019）。

图2-4 周边建筑物影响古树生长

人为破坏：《北京市古树名木保护管理条例》第十二条明确规定禁止损害古树名木的行为。然而在实际中，由于设置保护措施不及时，人为刻字留名、烧香祈福等行为依然存在，破坏了古树名木的表皮和内部结构，导致伤口感染和水分流失，引发病虫害，加速树木的衰老和死亡。

污染物排放：北方地区冬季使用氯盐类融雪剂随雪或冰渗到根系土壤中，阻止根系对水分的吸收，从而导致古树名木的生长衰弱或死亡。同时古树名木不同程度地承受来自地上地下各种污染物的危害，如堆放杂物、排放废水废气、光污染照射、过量的化学农药和除草剂等，改变古树名木根系范围土壤理化性质，阻碍根系生长，污染生长环境，造成古树名木生理紊乱（姚剑飞等，2013）。

古树名木保护与复壮实践

第3章

古树名木健康诊断

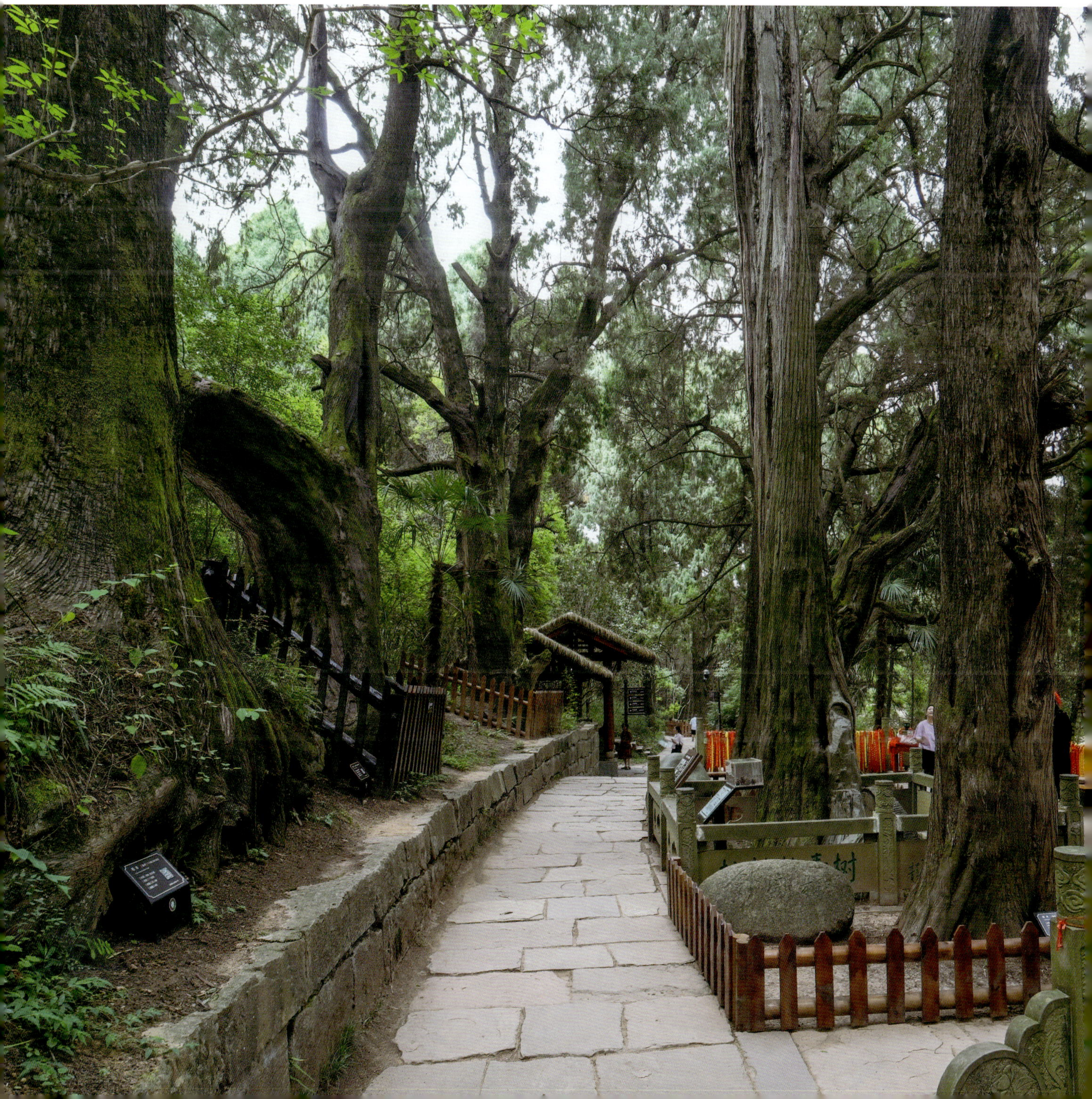

健康诊断是对古树名木的外部形态、生理生态特性、根部状况、立地条件、树干内部腐朽情况、周围环境等进行综合评价，全面、客观、准确地判断与分析古树名木的健康状况。古树名木健康诊断的核心是通过现场调查、仪器检测、室内检测分析等手段，查明古树名木的健康状况以及影响的主导因子（章银柯等，2019）。古树衰弱的诊断要做到“四查”，即地上衰弱查地下，地下重点查土壤，土壤主要查气、水，气，水部分查须根，按照这个程序分析引起古树衰弱的核心原因，根据轻重缓急制定出最优治疗方案（骆会欣，2009）。

3.1 诊断流程

外观诊断。根据指标进行目测观察和工具测量，并填写《古树名木诊断调查表》，诊断内容包括基本信息、基本信息确认表、生长环境评价分析表、生长势分析表、已采取复壮保护措施情况分析表、树体损伤情况评估、树体倾斜和空腐情况检测、病虫害发生情况分析等8类信息（丛日晨等，2023），具体的技术规程参考《古树名木健康快速诊断技术规程（DB 11/T 1113）》。

仪器诊断。在外观诊断的基础上利用现代分析检测仪器设备和实验室检查手段对衰弱古树名木或疑似危树的立地环境、叶片生长、树干空腐、根系情况进行诊断，如叶片叶绿素含量、树干空腐等地上部位诊断，土壤肥力、土壤理化性状、根系形态特征、根系生长量、根系微生物等地下部位诊断，全面分析古树名木健康状况，探究影响古树名木健康生长的原因。

诊断确认。对外观诊断和仪器诊断获取的各项指标分析结果进行全面评估、综合分析，必要时组织专家现场会诊，给出确认诊断结果，并出具详细的古树诊断报告和指导性方案。诊断报告包括诊断方法、数据记录、分析结果、对古树生长状况的评估以及对未来保护和管理的建议。

采取措施。《〈北京市古树名木保护管理条例〉实施办法》明确规定根据不同的古树健康诊断结果采取针对性地治疗方案，并经当地古树主管部门审批后实施。古树名木枯枝死杈存在安全隐患需要进行清理的，由古树名木管护责任部门或者责任人提出申请并制定清理方案，经主管部门审查同意后组织实施。古树名木受害或者长势衰弱，应当及时向所在区古树名木主管部门报告，制定治理、复壮方案，并在其指导下实施。古树名木长势濒危应当进行古树名木抢救复壮工程立项，由具备相应专业能力的单位承担，遵照《古树名木保护复壮技术规程》等标准逐株编制抢救复壮方案，经古树名木主管部门组织专家论证后实施跟踪。2021年北京市古树名木健康诊断流程，如图3-1所示。

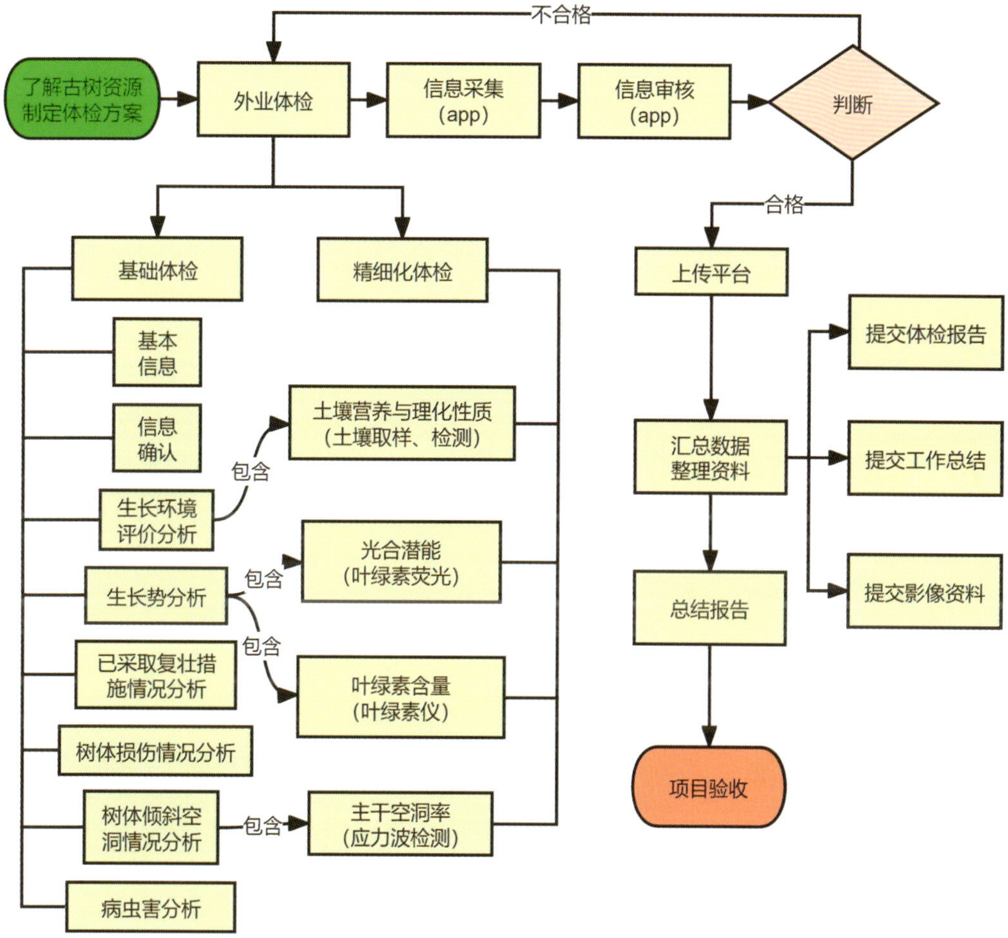

图3-1 北京市古树名木健康诊断流程

3.2诊断类型

3.2.1基础性诊断

初步评估古树名木的生长状态，通过观察外部特征、注意环境因素、听取专家意见、利用历史记录、调查生物指标、注意季节变化等，直接观察古树名木的某些部位获取诊断结果。对古树名木自身健康状况及其所处环境状况进行直接观察，依据古树传统诊断的“四诊”法，即望诊、闻诊、问诊、切诊，进行现场调查树种、位置、树龄、胸围、冠幅、生长势、生长环境、复壮情况、病虫害发生情况等基本情况（表3-1）。

表3-1 四诊法具体内容

诊法	具体内容	举例说明
望诊	掌握古树名木的基本信息，观察古树名木周边信息和立地环境，并进行横向和纵向比较	树下蜜露明显，多为刺吸式害虫危害引起
闻诊	耳听异常音，鼻闻特殊气味	健康的树木敲击发出清脆的声音，空腐的树木敲击声沉闷有异常音
问诊	用问讯获取信息	了解古树名木种植时间、衰退时间、原因与发生经过、复壮情况、管理措施、环境变化、存在的隐患等
切诊	触摸古树名木的异常位置、调查地上地下环境、利用化学或者物理实验诊断古树的健康情况、检查古树名木的稳固性与风险性	现场用应力波树木无损探测仪等探测树干腐朽程度、轮廓面积

同时，长期动态记录可以帮助动态了解古树名木的生长趋势和健康状况。掌握古树的季相变化和周边环境生态因子，研究树木的形态特征和生态习性，反映树木变化的周期性和规律性与生态因子之间的联系。如古树名木的不同生理发育时期与采取复壮措施产生的不同效果相关，复壮黄金期在惊蛰到夏至阶段、复壮巩固期在夏至到立秋阶段、复壮保质期在立秋到秋分阶段（丛生，2019）。古树名木物候期观察记录单和生态因子类型见表3-2和3-3。

表3-2 古树物候观察记录单

编号：　地点：　时间：　观察者：

中文名				
生长环境				
生长情况				
萌动期	树液流动	叶芽膨大变绿	叶芽膨大变色	
展叶期	叶初期	叶初展	叶盛展	叶全展
开花期	花序出现 初花 第二次开始日期和花量 第三次开始日期和花量	花序伸长 盛花	个别花开放 末花	
新梢生长	第一次生长期 第二次生长期	第一次生长停止期 第二次生长停止期		
果熟期	初熟	盛熟	大量脱落	
叶秋色	开始变色	全部变色		
落叶期	开始落叶	大量落叶	落叶末期	

表3-3 生态因子类型及分类

生态因子	分类依据	分类
光	光照强度	喜阴树种、耐阴树种、中等耐阴树种、喜光树种
温	温度	喜温树种、较喜温树种、耐寒树种、较耐寒树种
水	水分	旱生树种、中生树种、湿生树种、
空气	大气污染的抗性	抗二氧化硫树种、抗氯化氢树种、抗氟化氢树种
土壤	土壤酸碱性	酸性土树种、中性土树种、钙质土树种、盐碱土树种
	土壤养分	喜肥树种、中性树种、耐贫瘠树种
地形	海拔高度	海拔高度影响树木分布和生长
	坡向、坡位、坡度	坡向影响日照时间和强度、土壤干湿程度、植物分布，坡位、坡度影响土层厚度及植物分布
生物	其他生物	有害生物、有益生物

3.2.2 精细化诊断

在古树名木目视诊断(VTA，Visual Tree Assessment)的基础上，对古树名木树冠内部、树干内部空腐、地下根系生长情况、地下土壤营养元素、叶片叶绿素含量、保护措施成效等难以直接观察，利用专业的辅助仪器和现代科技技术手段对衰弱古树名木或疑似危树进行精细化诊断，间接获取古树名木的健康指标数据，辅助判断古树名木的健康状况，提高古树名木诊断的准确性和效率（表3-4）。以常见的地下根系检测技术、树干空腐检测技术为例介绍。

3.2.2.1 古树名木地下根系检测

古树名木地上部分的生理表现与地下根系状态之间存在密切关系。观察埋干情况、钢棒插入树干根基部检测根部腐烂程度和根部裸露情况外，可采用雷达技术检测古树名木根系分布。目前常用的仪器为TRU树木雷达检测仪。

TRU 树木雷达检测属于非侵入性无损检测，主要是通过雷达天线发射高频的电磁波，再接收经过不同介质后的反射波，进而对树木进行非侵入式扫描检测的过程（康越程，2019）。检测前及时清理古树名木周边的杂草、灌木，预留适合操作检测场地。检测时以测量古树名木树干为中心，选择合适的探测半径，距离古树名木主干基部合适间距处画圈或者布线，确定探测范围（图3-2A和图3-2B)。采用圆圈扫描或者直线扫描的方法，从正北方向开始顺时针检测一圈，保持测距轮一直在滑动且天线紧贴地面，遇到不平路段或者障碍物及时进行标记（图3-3)。检测后保存数据，再进行下一个同心圆的地下根系扫描检测（甘明旭，2016)。检测后将数据加载到相应的软件，得到根系扫描结果图。检测的根系分布俯视和3D根系形态图如图3-4所示；根系分布俯视图和密度图如图3-5A和3-5B所示；不同土层深度根系分布情况如图3-6所示；三维树根切面图如图3-7所示；根系数量在不同土层深度的变化如图3-8所示。

表3-4 古树名木健康诊断内容

诊断项目	基础性诊断内容	精细化诊断内容
基本信息及基本情况确认	编号、树牌、位置、分布特点、树种、古树等级、树高、胸围、冠幅、经纬度、其他后台信息	树龄估测、历史文化信息
生长环境评价分析	生长环境、古树保护范围、古树保护范围示意图、保护范围内其他植物、生长环境总体评价、保护范围内构筑物情况	埋干情况、土壤污染、土壤物理化学性质、根系形态、根系病虫害等
树体生长势分析	正常叶片率、叶片宿存（常绿树）、新梢生长量、生长势总体评价	叶片叶绿素含量、叶绿素荧光（光合潜能）
已采取复壮保护措施情况与分析	地上保护措施、地下土壤改良	封堵树洞情况、支撑情况、现有复壮保护措施评价
树体损伤情况评估	树干基部、树干、构成骨架大枝的损伤情况、特征照片	损伤情况评价
树体倾斜、空腐情况检测	树基松动、根部腐朽、根部裸露、主干异常音、主干倾斜、第一分枝点部位异常、偏冠、枯枝、枝条整理留茬	主干空腐率、倾斜情况评价
病虫害发生情况分析	树干基部、树干、构成骨架大枝、叶片、枝梢等病虫害情况	总体评价

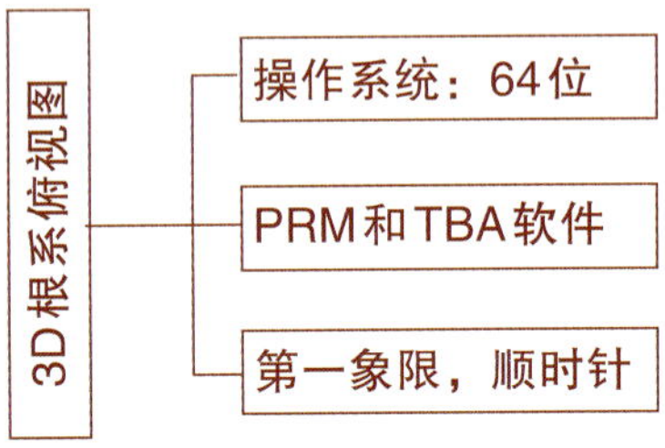

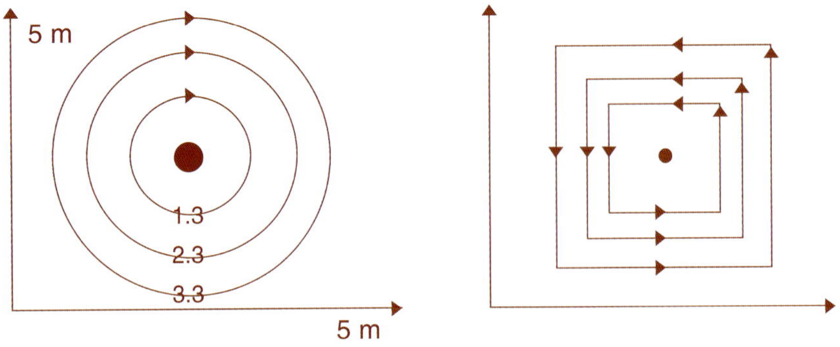

A.圆圈扫描　　B.直线扫描

图3-2 TRU树木雷达检测仪对地下根系圆圈扫描和直线扫描

图3-3　TRU树木雷达根系扫描现场探测

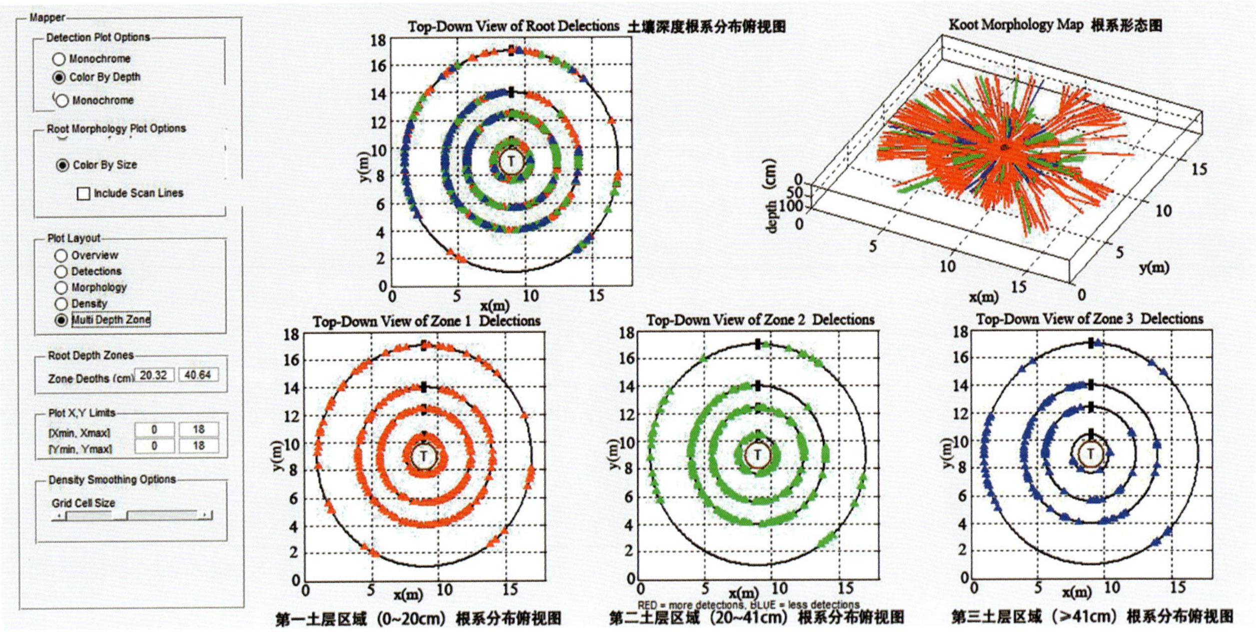

图3-4　不同土壤深度根系分布俯视图和3D根系形态图

注：红色、绿色、蓝色的三角点依次代表三个垂直扫描层的根系数量，一般垂直扫描层的深度范围设置为0~20 cm、20~41 cm、大于41 cm。

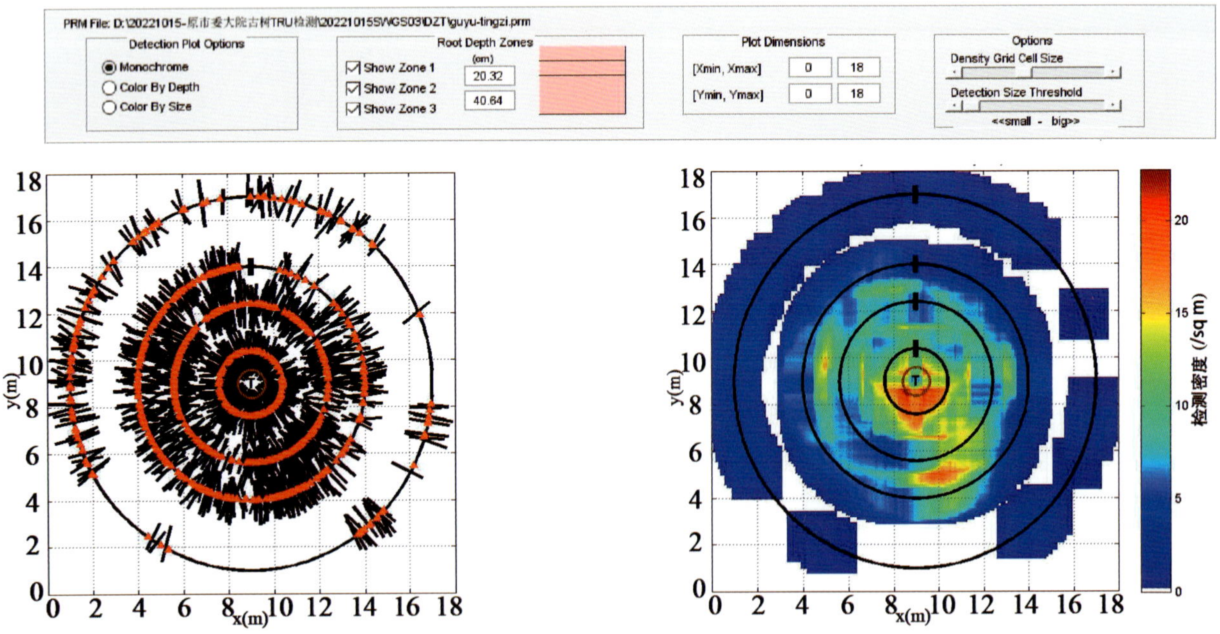

A. 根系分布俯视图　　　　B. 根系分布密度图

图3-5　根系分布俯视图和密度图

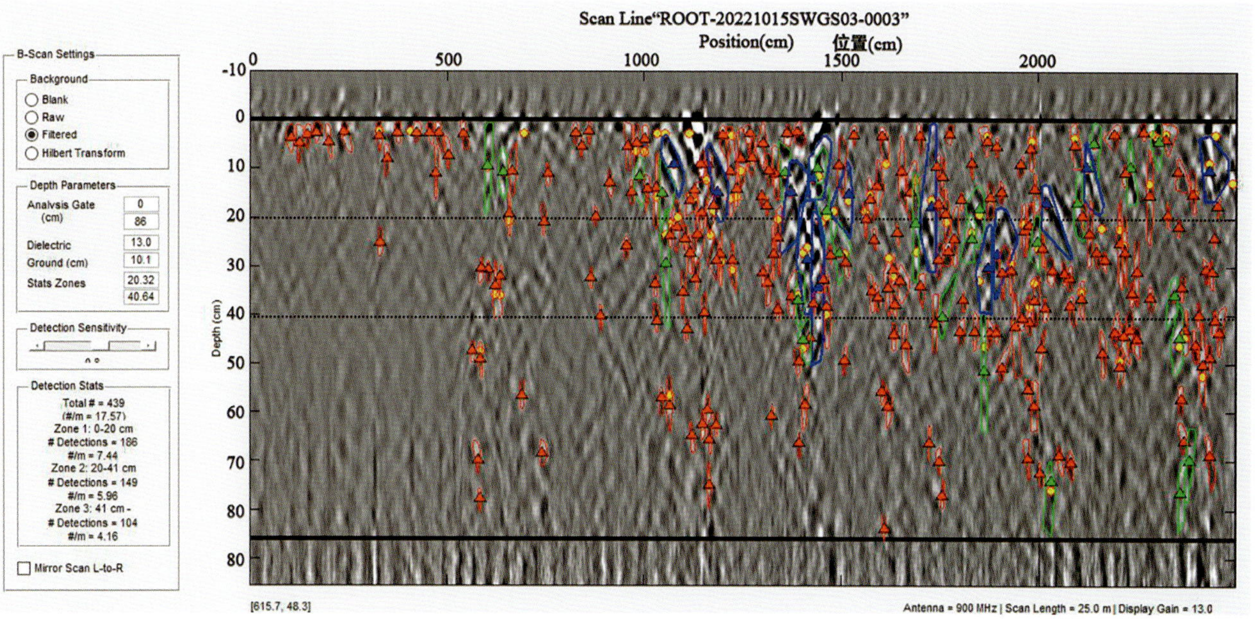

图3-6　不同土层深度根系分布情况

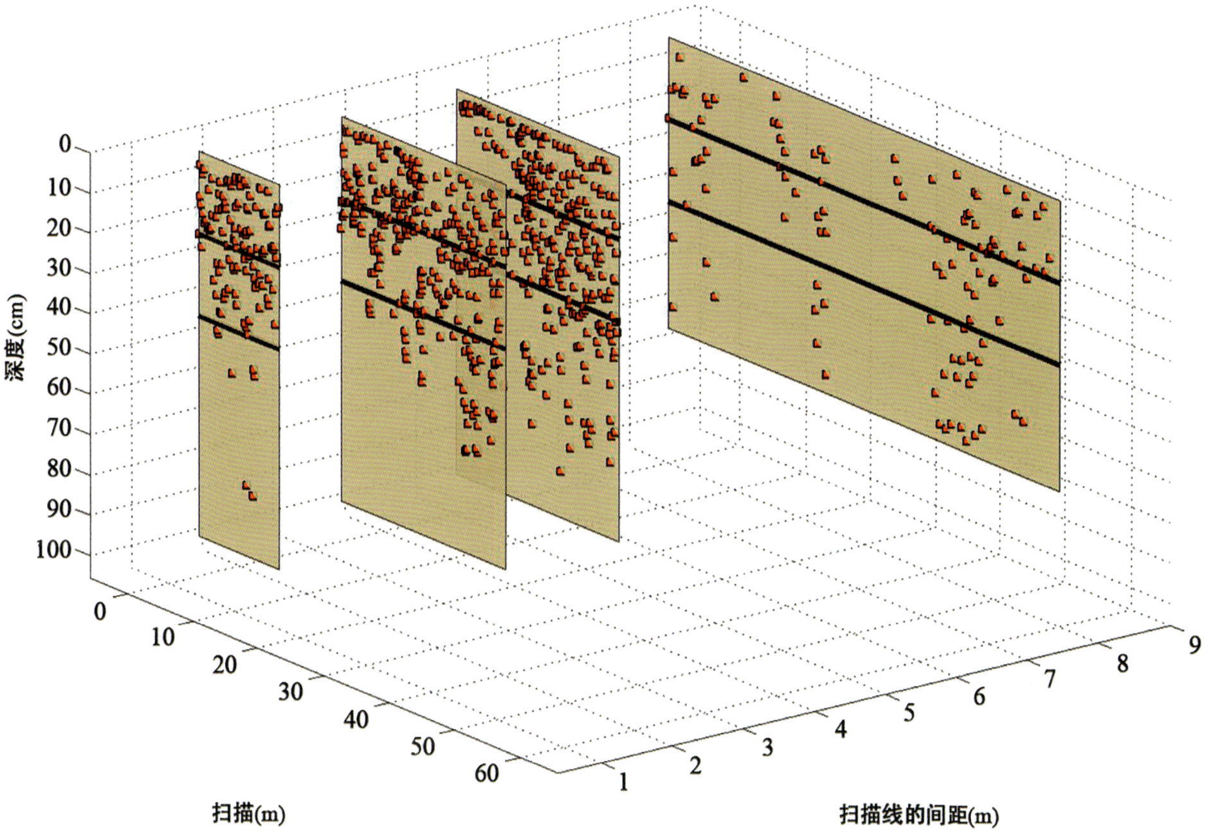

图3-7　三维树根切面图

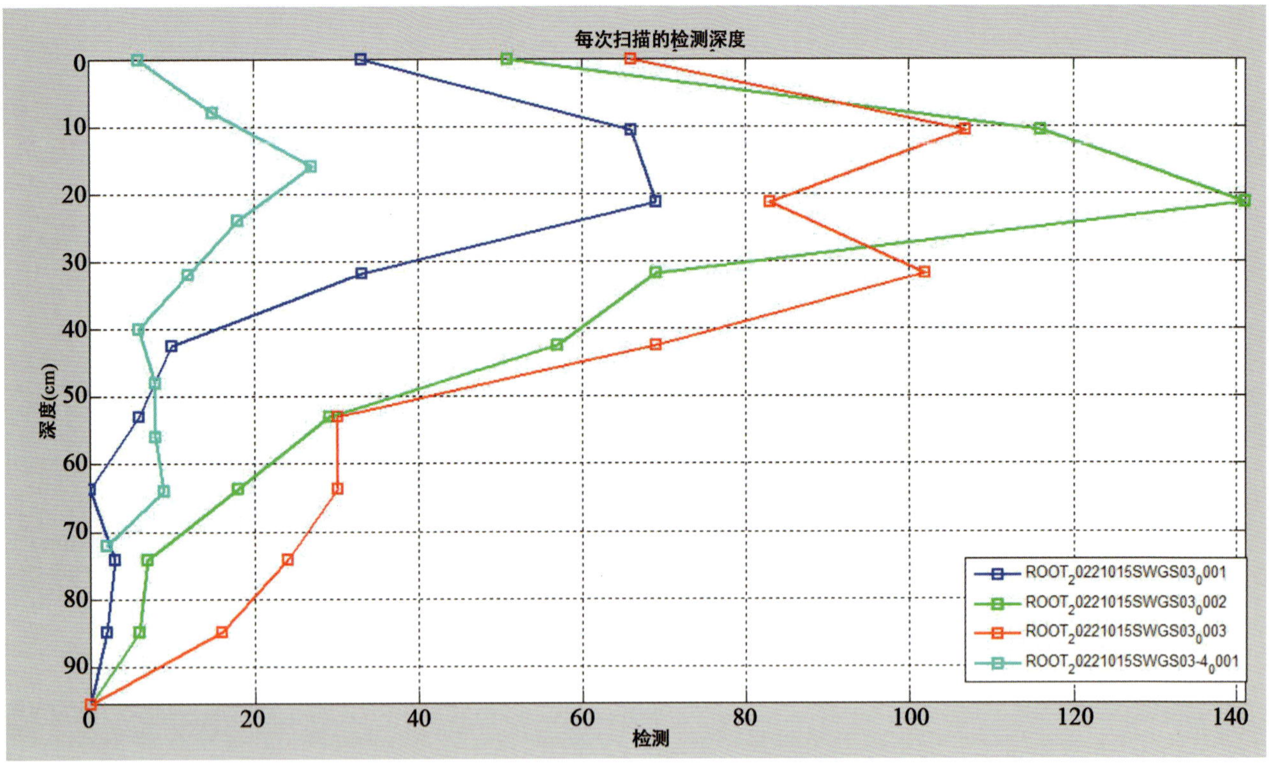

图3-8　根系数量在不同土层深度的变化

3.2.2.2 古树名木树干空腐检测

用木槌敲击古树名木主干发出异常音、钢棒可插入树干开裂部位、观察树干有明显群聚或者散生的子实体等初步诊断树干空腐，借助应力波或电磁波设备检测古树名木树干内部腐朽位置和大小。目前尚无可参考的古树树干空腐的分级标准，故此参考北京地方标准《城市树木健康诊断技术规程（DB 11/T 1692）》对树体空腐率进行分级：0%，正常；≤30%为轻度；30%~50%为中度；＞50%为重度。目前常用的仪器有PICUS^{3}树木断层画像诊断仪、TRU树木雷达检测仪等。

PICUS^{3}树木断层画像诊断仪利用应力波在不同介质中传播速度的差异，对树木内部结构进行无损检测，可获得树木横切面内部的二维或三维图像，以可视化的方式呈现树干截面的空腐情况（图3-9）。适用于古树名木树干及侧枝的检测。检测前先人工锤检确定测量截面、探头数量和安装位置，根据检测分析需要可选择单截面或多截面。树干截面近似圆形时直接测量树干周长，确定并布置测量点的空间位置布置。检测时在树上安装PiCUS3测绘截面数据，布置传感器并按照顺序依次敲击测量点。最后将测量数据利用软件进行分析（王毅明等，2015）。据图像可知树干内部健康与腐朽情况，从而判定古树名木树干空腐的程度。检测图像中不同颜色代表木质部不同的健康状况（图3-10），通过专业软件分析该株古树的树干空腐率为25%

应用TRU树木雷达检测仪对树木的大枝、主干进行无损伤扫描（图3-11），获得大枝或主干内部全方位的扫描图像，通过扫描图像可以计算得到树干及大枝的空腐率（马娇，2022），属于无损检测。适用于油松、白皮松、侧柏、圆柏、七叶树、榆树等易流胶类型的树木。检测前选择树干合适测量高度并做好标记，测量高度对应的树干周长。检测时从正北方向开始360° 环绕一周，保证扫描面在同一高度，测距轮在转动且天线紧贴树皮，同一高度重复2次（彭婷婷等，2021）。检测其他高度时需要重新设置参数。如果遇到树皮脱落、树干开裂、凹陷、凸出等任何可能影响检测结果的部分时，应立刻点击做标记，以备分析数据时使用（赵忠等，2021）。检测后应用Tree Win分析软件对数据进行分析处理。测量后预测的树木的截面图，根据树干空腐扫描结果图像，利用Photoshop软件像素识别功能计算空腐面积与扫描横截面积的比值，树干空腐率为23%（图3-12）；结合树体横截面扫描剩余实木面积图得出树干实木占比为77%（图3-13）。

图3-9 Picus^{3}树木断层画像诊断仪树干空腐检测

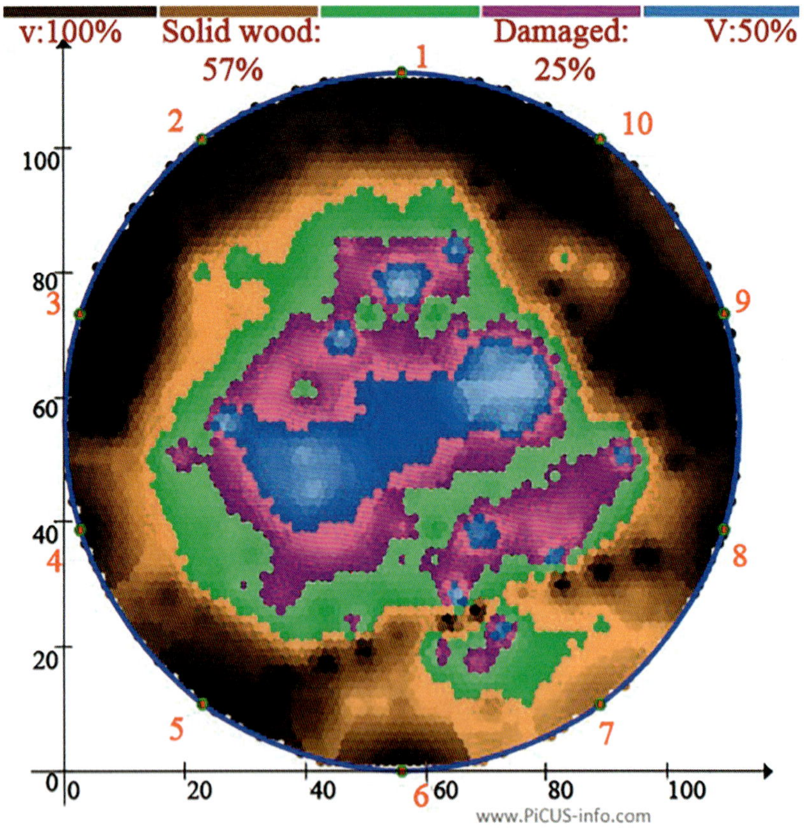

图3-10　树干空腐检测结果

注：树干空腐影像解读，深色以及棕色区域为正常木质部（Solid wood）；紫色、蓝色至浅蓝色区域为受损木质部（Damaged wood）；绿色区域介于正常木质与受损木质之间。

图3-11　TRU树木雷达古树树干空腐检测

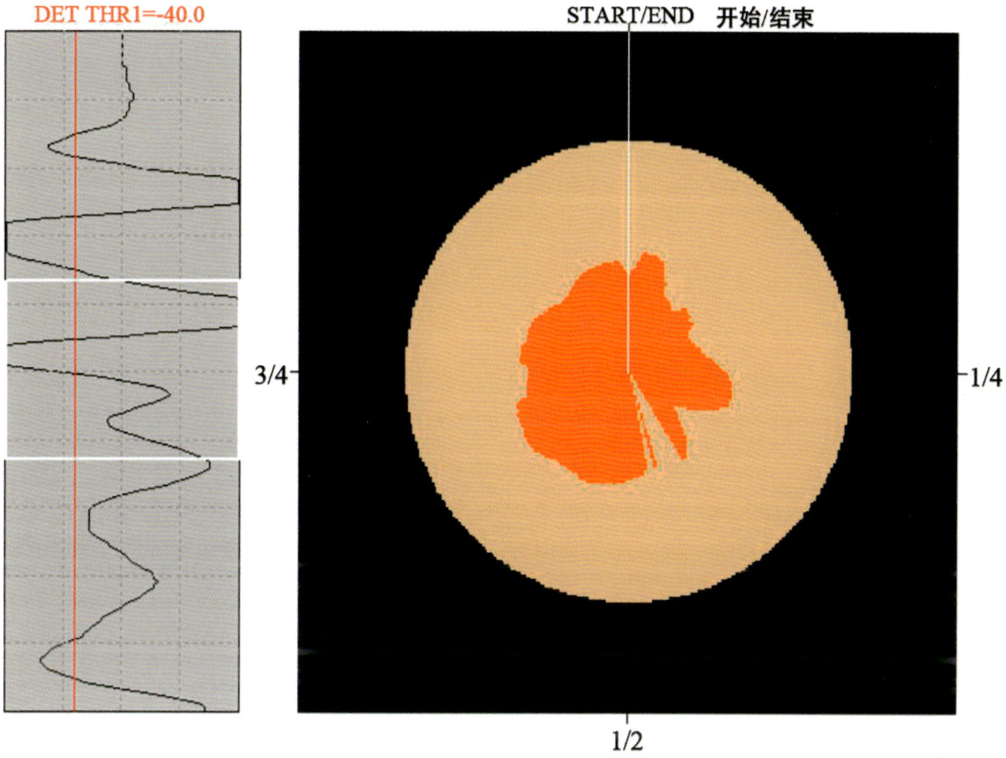

图3-12　古树树体横截面扫描空腐面积计算图

注：圆饼图形的最外层黑色轮廓表示树干的外围轮廓，中间浅黄色部分表示生长良好的区域，最内层橙色部分表示空腐区域。

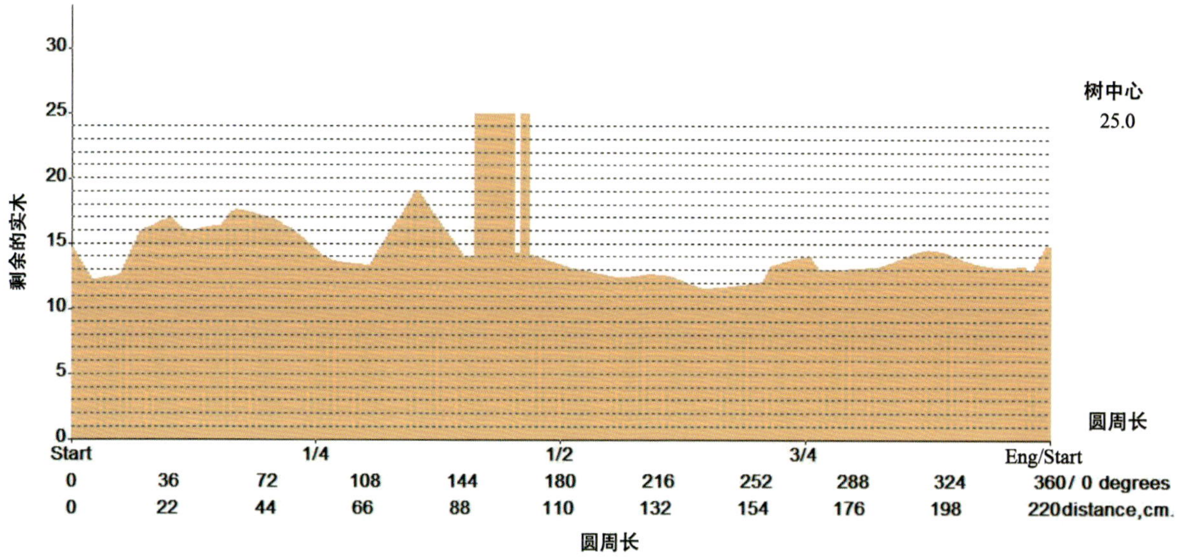

图3-13　古树体横截面扫描剩余实木面积计算图

3.3综合判定

将采集后的古树名木基本信息按照关于古树名木生长势等级标准，明确古树名木诊断指标、生长势分级、生长环境分级、价值评价等技术的要求，及时调查和正确评估古树名木的健康状况。结合树木医生多年的现场古树诊断经验及《古树名木评价规范（DB 11/T 478）》技术指标，判定古树名木的生长势及生长环境，评估古树的健康程度（表3-5~表3-7）。

表3-5　常绿古树名木生长势分类

生长势分级	部位		
	枝条	叶片	主干
生长正常	符合以下全部条件的，属于生长正常		
	新梢数量多，平均年生长量5 cm以上，主干主枝现存活树皮完好	叶片宿存年数3~5年达80%以上，叶色正常，黄焦叶量5%以下。当年生针叶平均长度油松≥10 cm，白皮松≥7 cm	结果枝条累计20%以下，主干、主枝无病虫害危害状
生长衰弱	存在以下至少一条的，属于生长衰弱		
	新梢数量少，平均年生长量低于5 cm。有少量枯枝枯梢，主干主枝现存活树皮有轻微损伤	叶片宿存年数1~3年达50%左右，黄焦叶量30%以下。当年生针叶平均长度油松≥8 cm，白皮松≥3 cm	结果枝条累计20%~80%，主干、主枝有轻微病虫害危害状
生长濒危	存在以下至少一条的，属于生长濒危		
	新梢数量很少，平均年生长量低于2 cm。枯枝枯梢多，主干主枝现存活树皮有明显损伤	叶片宿存年数1~2年达20%左右，叶片枯黄稀疏，黄焦叶片量70%以上。当年生针叶平均长度油松≥5 cm，白皮松≥2 cm	结果枝条累计80%以上，主干、主枝有明显病虫害危害状
生长死亡	符合以下全部条件的，属于死亡		
	叶片枯黄或脱落	主干主枝全部枯死	无任何萌蘖

表3-6 落叶古树名木生长势分类

生长环境分级	部位			
	周围环境	土壤	根系	主干
生长环境良好	古树名木保护范围内的地上地下无任何永久或临时性的建筑物、构筑物以及道路、管网等设施，无动用明火，排放废水、废气，堆放、倾倒杂物、有毒有害物品等	根系土壤无污染，容重在 1.4 g/cm^3 以下，自然含水率在 14%~19%，有机质含量 1.5% 以上	山坡古树地面根系无裸露	主干无明显被埋干现象
生长环境差	上述中有 1 项不符合的，即视为生长环境差			

表3-7 古树名木生长环境分类

生长势分类	部位		
	新梢	叶片	主干
生长正常	生长期内新梢平均生长量达到该树种相同生长条件的平均生长量	正常叶片保存率在 90% 以上	无或有少量枯枝枯梢，主干、主枝无病虫害危害状
生长衰弱	生长期内新梢平均生长量低于该树种相同生长条件的平均生长量	正常叶片保存率在 50%~90%	有部分枯枝枯梢，主干、主枝有轻微病虫害危害状
生长濒危	生长期内新梢生长不明显	正常叶片保存率在 50% 以下	枯枝枯梢多，主干、主枝有明显病虫害危害状
生长死亡	生长期内叶片枯黄或脱落	主干主枝全部枯死	无任何萌蘖

古树名木保护与复壮实践

第4章

古树名木养护管理

4.1养护管理要求

古树名木养护管理是通过计划、组织、指挥和控制，协调已有的和可以争取到的各种资源，采取合理的实施方案，并监督和控制实施情况的活动。

4.1.1 人员管理

4.1.1.1一般人员管理要求

挑选经验丰富、专业性较强的人员，组建专业的古树养护管理队伍，通过定期邀请行业相关部门专家对人员进行古树名木保护的专业性知识培训，提高养护人员的专业水平。

养护管理团队在每年年初根据古树名木实际生长状况制定年度养护计划，养护管理人员严格按照养护计划落实古树名木的日常养护管理措施，并做好日常养护管理记录。

古树名木管理人员应有一定的稳定性和连续性，在养护人员发生变动时，需要进行详细的工作交接，确保新任养护人员能够了解并掌握古树名木的生长状况、养护要求等信息，保证养护工作的连续性。

4.1.1.2不同环境人员管理要求

不同环境包括开阔的城市绿地、具有独特小气候的公园或庭院及条件相对恶劣的山区等地。管理人员应熟悉掌握古树名木其生长周边环境、地下生长条件、自身生长习性及病虫害发生规律等，通过专业的养护管理不断提升古树名木的生长势。

4.1.1.3特殊气候人员管理要求

管理人员应实时关注不同区域的气候变化，根据不同季节天气特点，有针对性的调整人员管理结构，如遇到汛期或雨雪天气极端气候应增强人员力量，加强管护力度等。日常养护管理记录表详见《古树名木日常养护管理规范（DB 11/T 767）》。

4.1.2 巡查管理

4.1.2.1 巡查目的

对管护区域内的古树名木派专人进行巡查管理，并责任到人，以便及时掌握古树名木生长情况的第一手资料，建立文字、图片及音像资料等完整档案，结合线上古树名木管理平台，做好古树名木档案资料实时动态更新。

4.1.2.2 巡查频次

乡镇、街道办事处每年应巡查辖区内古树名木至少2次，管护责任单位（人）每月应自主巡查古树名木至少1次，并填写古树名木巡查记录表。发现异常情况应妥善处理，填写古树名木异常情况报告表，并及时报告市、区(县)级古树名木行政主管部门。个人管护的古树由乡镇、街道办事处代为巡查，并填写古树名木巡查记录表和古树名木异常情况报告表。

4.1.2.3 巡查记录与处理

对管护区域每一株古树名木的展叶、开花、结果、落叶时间，枝叶长短，花果大小，周边环境变化等进行记录。特别是及时、科学地记录并掌握古树名木的生长势状况，浇水、修剪、病虫害、中耕除草等工作。如发现虫害，记录是食叶性虫害，还是刺吸式害虫、蛀干性害虫或地下害虫，记录使用的农药种类，采取的防治措施如喷药、封干、熏杀等，并配以图片。如需施肥时，按照古树名木土壤检测结果再进行施肥，需记录施肥量、施肥时间、施肥效果跟踪等内容。结合《北京市古树名木保护管理条例（2019修正）》第十二条中的“七禁止”，严格做好相关巡查工作，这样才能真正达到巡查效果，对古树名木的生长复壮起到一定的指导性作用。巡查记录表详见《古树名木日常养护管理规范（DB 11/T 767）》。

4.1.3 避让保护管理

树冠垂直投影外延5 m的范围内为单株古树名木的保护范围。城区内空间紧凑，留给古树名木的保护范围多未能达到以上标准，为此应尽可能大的设置保护范围并做好保护措施。保护范围内不得动土作业，尽可能地保护古树名木根系不受损伤，地上不应有挖坑取土、动用明火、排放烟气废气、倾倒污水污物、修建建筑物或者构筑物等危害树木生长的行为。

4.1.3.1 施工项目区域

对现状立地位于交通要道、通行路口，存在人员、车辆意外损伤隐患的古树名木，应做好设立围栏、警示标示的预防保护措施，提前对潜在安全隐患进行避让保护。

项目建设场区内的古树名木，施工前应掌握古树名木生长情况本底，做好其现状生长情况记录档案。

新建项目前期规划设计应避让保护古树名木，落实建设场地内现场古树避让保护工作，制定古树名木避让保护方案并在通过专家评审后，项目方可实施。

施工前与辖区园林主管部门签订古树名木保护管理临时责任书，有组织、有责任意识地对施工现场的古树名木进行保护。落实古树名木专项保护责任人，责任人由现场的安全负责人具体负责，随时对现场情况进行控制。建立领导负责制，在该区域建设施工古树名木一旦遭到人为损伤和破坏，追究其负责人责任。施工单位进场施工前，统一开展古树名木避让保护措施交底工作。加强对古树名木的日常保护管理，施工期间设专职管护人员，定期对古树名木进行日常浇水、降尘、有害生物防治等养护管理工作。

施工期间，古树名木专项保护责任人加强对古树名木的巡查及档案记录工作，发现异常情况及时上报。

4.1.3.2 古树名木周边环境

在松柏类古树名木周围可适量保留壳斗科树种如栎、槲等，有利于菌根菌的活动，促进其生长。古松树保护范围周边严禁种植核桃树、接骨木，以避免对古树的生长产生抑制作用。应对古树名木周围生长的阔叶树、速生树和杂灌草进行控制。在古树名木保护范围内，禁止动土或铺砌不透气材料。各种施工范围内的古树名木应在其保护范围边缘事先采取避让保护措施。有纪念意义和特殊观赏价值的古树名木，应保留其原貌，对枯枝采取防腐处理。在坡林地环境的古树名木应有冠下木和地被植物伴生的自然生态环境，并对坡坎进行加固，防止水土流失。

4.1.4 自然灾害应急管理

4.1.4.1 管理措施

（1）预防为主

坚持灾害应急与防范工作相结合，切实做好预测、预警和预报工作，最大程度预防和减少灾害对古树名木的影响，有效防范古树名木灾害安全事故的发生。

（2）分级负责

养护单位上报园林部门请求协调相关责任单位负责区域内古树名木重大灾害应急处置的配合工作，古树名木管护及养护单位参与古树名木应急预案的制定和应急处置措施的实施。

（3）科学防范

充分发挥专家作用，实行科学民主决策，依法规范开展应急救援工作，确保应急预案的科学性、权威性和可操作性。

4.1.4.2 雷电防范

每年雨季来临前对古树名木防雷电设施（常用的主要为避雷杆、塔）进行专项检查，出现脱焊、松动、断裂、锈蚀、变形等损坏时，及时上报并由专业人员进行维修更换，条件允许的应聘请专业部门进行检测、维修。

检查中存在雷电安全隐患的应在雨季来临前安装防雷电装置，避免因措施不到位出现雷击事件。

4.1.4.3 雪灾防除

冬季降雪时，应及时去除古树名木树冠上覆盖的积雪。如降雪持续时间较长枝干因积雪明显下垂时，应立即组织人员清理积雪避免树冠超负载断裂，降雪停止后应再次清理，确保树冠无明显积雪覆盖为准。

关注天气预报，降雪前主动联系属地环卫部门，要求在古树名木保护范围内及周边不撒融雪剂、不堆放积雪，防止盐害、冻害情况发生。降雪期间应加强辖区内古树名木的巡视、巡查，发现融雪剂撒入保护范围或者含有融雪剂的雪水流入保护范围内的，应立即采取清除措施。

4.1.4.4 强风防范

根据当地气候特点和天气预报，做好强风防范工作，防止古树名木整体倒伏或枝干劈裂。在日常巡视、巡查过程中发现有劈裂、倒伏隐患的古树名木，应及时上报，并制定专项保护方案，对存在安全隐患的古树名木进行树体修复和支撑加固。

4.1.5 档案管理

设立专职古树名木档案管理人员，对管护区域内古树名木落实“一树一档”的记录工作，并定期进行档案资料更新，充实记录古树生长各项情况。

古树名木档案包括登记表、保护管理责任书、巡查记录表、日常养护管理计划、日常养护管理记录表、异常情况报告表及保护复壮相关资料等。

每月根据养护计划、巡查记录表、日常养护管理记录、异常情况报告表等资料，检查养护管理质量及过程资料收集的完整性和准确性，经查验无误后存入档案。每株古树名木应有纸质和电子两套相同的档案。每年年末汇总当年档案资料，以备古树名木行政主管部门检查。古树名木登记表详见《古树名木管理技术规范（LY/T 3073）》附录A。

4.2 养护技术要求

古树名木的养护工作应以日常维护为主，重在细节，贵在坚持。日常养护工作应维护好古树现有的内部、外部生长环境，避免古树生长环境内的绿地改造，尽量避免改变土壤结构及水肥的平衡。

古树名木的养护工作要有计划性、科学性、可操作性，主要是防止内部环境突然变化及外部环境对古树生长造成的伤害，如病虫害危害、极端天气危害等。古树养护工作要有古树名木台账及对应的养护记录，记录内容包括浇水、施肥、枝条整理、中耕除草、设施维护、土壤检测记录、树体空腐检测记录、根系分布检测记录、日常巡视等方面。

同时，不要过度养护，水肥管理要适度，过多人为干预古树名木生长，也有可能造成树势减弱，导致在极端天气情况下，古树名木无法适应突发气候变化而衰弱，甚至死亡。

4.2.1 春季养护技术

4.2.1.1 清理树池围堰

（1）一般技术要求

浇灌春水前应对古树树下保护范围进行清理，清除出纸屑、包装物、烟头等废弃物。根据表土的板结程度进行适度中耕，确保树池围堰等树下保护范围干净、平整。

（2）特殊技术要求

对于树池围堰及保护范围内有树池篦子、覆盖物（彩色有机覆盖物、树皮等)的，应掀开树池篦子，对覆盖物进行清理、清洗及消毒，清除杂物，需留意是否有越冬虫卵、虫茧。清理、消毒后将覆盖物均匀回填至树池围堰内。如需补充覆盖物，应保证覆盖物的粒径大小、颜色一致。

4.2.1.2 浇水

（1）制定春季浇水计划

浇春水的时间要结合实际的天气情况进行。

一般来说，春水浇灌的时间，在当地平均气温连续5天达到在0~5℃的时候开始浇灌，也与植物开始生长的界限温度有关。通常当平均气温稳定在3℃左右就可以开始浇返青水了，因为当平均气温大于3℃的时候，土壤的冻土层已经化开，浇返青水后，植物就可以吸收利用。

古树的根系在地下分布比较深，在浇透返青水后，日常浇水工作应按需浇水，浇水的时间应根据不同树种、不同气候、不同生长环境而定，一次浇透到深根，防止根系向上生长。

（2）试水、维修、巡线

试水工作应尽早进行，试水、维修后应注意及时回水，以免冻裂水管或皮管等设施。及时排查古树名木分布区域内的灌溉系统有无地下漏水的情况，防止地下积水影响根部健康。

（3）浇水技术要求

树堰大小以预留的大小为准，但高度不得低于10 cm；无预留大小的树堰，树堰直径应达到古树胸径的10倍或树冠投影的1/2。树堰形状应明显、规则，根据立地条件进行选择，如正圆形、正方形等。

对于绿地内已经开堰的古树名木，灌水前应进行表土中耕，增加土壤透气性。在灌水时注意缓流浇灌，严禁高压水喷射。浇水时应派专人看管，带锹上岗；浇水时不得出现跑水、漏水现象。早春浇水时应注意气温变化情况，及时回水。

同时，做好古树浇水情况记录。

4.2.1.3 施肥

（1）一般技术要求

施肥会改变古树名木生长环境内的各种营养元素的比例，部分施肥方式还会对古树名木根系造成少量破坏，所以施肥工作要慎重。根据土壤检测结果，如需施肥时，应制定古树名木施肥的专项方案，使用古树名木专用肥，平衡土壤中各种矿质营养元素，补充恢复土壤肥力。一般来说，春季植物营养生长阶段对氮肥的需求量会较大，生殖生长阶段则需求磷、钾等其他微量元素。

（2）特殊技术要求

根据不同树种、不同规格的古树名木根系分布特点，通过叶面穴施、喷施、撒施、环沟施肥以及借助特殊施肥器具等方式，施用微生物菌肥、生根剂、古树名木专用肥等，供给古树名木生长所需营养，为古树名木创造良好的生长环境条件（图4-1）。

图4-1　穴施（左）、喷施（右）

4.2.1.4枝条整理

明确整理目的，制定整理计划。古树的枝条整理不同于大树修剪，应按照相关法规和技术标准的规定进行。作业时，应以尽可能多地保存现有活的枝条为原则，以保护古树正常生长为目的进行整理。枝条整理前要先制定实施方案，经专家论证通过后实施。

（1）技术要求

对枯死枝、断裂枝、病虫害枝进行清除。损伤枝条剪除受伤部分，枯死枝条剪除死亡部分（图4-2）。一般情况不应进行活枝整理。如古树名木萌发能力很强，内部过密影响树冠平衡，需对过密枝进行疏枝修剪，修剪强度以达到通风透光为准，提升古树名木光合作用和抗风能力。

图4-2 古树枝条整理（上为剪除干枝死杈、下为摘除果实）

（2）安全作业

高空作业前应进行三级安全教育和技术交底，明确整理目的及工序。作业现场周围应配备、架立明显的标识标牌，并由专人进行现场安全指挥。作业时应佩戴好相关劳保用品。

4.2.1.5 病虫害防治

根据天气情况，2月中、下旬开始进行病虫害药剂防治。先喷施石硫合剂，消灭越冬害虫、各类病原物，做好涂抹树缝、翘皮、树洞等工作；待树木展叶后，及时补充喷施波尔多液进行普遍防治。要提前做好药车、药剂准备。春季打药属于防治，但对全年虫害控制有重要作用，不要错过最佳时期。

惊蛰前后要定时查看树木药环防治虫害情况，及时处理被药环拦截的害虫，做到将其消灭在幼小阶段，重点是做好春尺蠖和草履蚧的防治。注意事项：工作人员在喷洒药液作业时，应注意自身和环境的安全，喷药时应穿戴好防护衣裤、胶鞋、胶皮手套，以及相对应的防毒面具或口罩、防护眼镜，操作人员应站在上风，实行顺风隔行施药。农药应有专门库房进行存放，登记好出入库记录。储存地点要求通风良好，避免潮湿、高温、暴晒。打药应细致均匀，叶片正反兼顾。按照一树一台账，做好有害生物防治记录，包括防治时间、防治的有害生物名称、药品名称、稀释倍数等。

4.2.1.6 设施维护

2月下旬或3月上旬，整体检查一遍古树名木相关的配套设施，对挡墙、栏杆、支撑、拉纤、抱箍、木栈道、围栏、渗水井、透气管等设施进行维修、加固（图4-3）。有刻画、涂抹、损坏、腐蚀、掉漆等情况，应及时调整、修复、更换。

图4-3　埋设土壤透气管

4.2.2 夏季养护技术

4.2.2.1 树下保护范围内的清理

（1）一般技术要求

做好日常卫生清理工作，清理纸屑、包装物、烟头等废弃物，确保树池、树堰等树下保护范围内干净、平整。

（2）特殊技术要求

对于树池围堰及保护范围内有填充物的，应定期进行清理、消毒，至少做到每月1次。夏季古树名木填充物内有杂物、滋生杂草、杂树苗的，应及时清理。其他技术要求参考春季部分。

4.2.2.2 浇水

5、6月可视天气情况及土壤墒情进行补水工作。夏季浇水避开中午前后的高温时段，尽量在早晨或傍晚进行。

7月下旬至8月上旬为北京地区汛期，排水防涝是夏季重要的古树名木保护措施之一。如有易积水的古树，应做好防止积水的准备或在雨后及时排水。其他技术要求参考春季部分。

4.2.2.3 枝条整理

夏季汛期易发生对流天气，枝条整理以整理风折树枝为主。对偏冠古树名木精准回缩的整理，一般用于应对夏季或冬季极端天气影响造成的枝干劈裂、折断等情况，应在紧急处理时留存影像资料。安全作业技术要求参考春季部分。

4.2.2.4 病虫害防治

7、8月为北京高温、高湿季节，此阶段是多种病虫害集中发生的时期，对各类病虫害发生的重点地段的古树要多巡视、勤观测，及时准确用药，打药全面、周到。夏季避免高温时段打药，避免植物和喷药人员发生药害。技术要求参考春季部分。

4.2.2.5 设施维护

日常巡视古树名木相关的配套设施，对挡墙、栏杆、支撑、拉纤、抱箍、木栈道、围栏等设施进行维修、加固。有刻画、涂抹、损坏、腐蚀、掉漆等情况，应及时调整、修复、更换。

4.2.3 秋季养护技术

4.2.3.1 树下保护范围内的清理

巡视巡查，清清纸屑、包装物、烟头等废弃物，确保树池、树堰等树下保护范围内干净、平整。秋季正值游人出行高峰，加强对古树名木的看护力度，正确引导游人，避免损伤古树名木。具体技术要求参考春季部分。

4.2.3.2 浇水

科学合理进行浇水，根据土壤墒情及天气情况，合理安排浇水时间和浇水量，保证浇水质量，既缓解秋旱，也不能浇水过量。不能让古树名木因缺水出现“枯梢”现象。一般来说，北方地区在秋季生长季时，可以控制补水，避免树木生长期过长，减少秋梢徒长，降低抗寒性。具体技术要求参考春季部分。

4.2.3.3 枝条整理

制定树冠整理技术方案，秋季整理枝条以保障环境景观效果为目的，主要整理古树名木的干枝、干梢、枯橛，清除枯死枝、断裂枝、病虫害枝，并对伤残、劈裂和折断的枝条进行处理。安全作业技术要求参考春季部分。

4.2.3.4 病虫害防治

秋季病虫害防治重点为常见有害生物第二代、第三代，按发生规律继续防治。具体技术要求参考春季、夏季部分。

4.2.3.5 施肥

（1）一般技术要求

秋季是树木根系一年中最后一次生长高峰期，其生命活动旺盛，吸收养分能力强，且有利于延缓叶片衰老，增强秋叶光合能力。早施肥料有利于增加树体养分贮备，能够及时为翌年树木生长提供养分。注意秋季氮肥过多会导致枝条徒长，不利于木质化，会降低抗寒能力。

（2）特殊技术要求

秋肥能有效提高植物生长势，但对于古树名木，是否需要施肥、需要补充何种营养成分应进行土壤检测。采取何种施肥方式应制定技术方案并进行专家论证，避免盲目、无意义的施肥。

4.2.3.6 设施维护

日常巡视古树相关的配套设施，对挡墙、栏杆、支撑、拉纤、抱箍、木栈道、围栏等设施进行维修、加固。有刻画、涂抹、损坏、腐蚀、掉漆等情况，应及时调整、修复、更换。同时，做好相关工作的记录。

4.2.4 冬季养护技术

4.2.4.1 树下保护范围内的清理

（1）一般技术要求

巡视巡查，清理纸屑、包装物、烟头等废弃物，确保树池、树堰等树下保护范围内干净、平整。

（2）特殊技术要求

对树池围堰及保护范围内有填充物的，如彩色木屑、树皮等，应将填充物彻底分离后，先对填充物进行清理和清洗，清除里面的杂物。再结合浇灌冻水，进行冬季的最后一次清理。之后做好面层保洁即可。重点预防融雪剂对古树造成的伤害，在道路等特殊区域应设置挡盐板。其他技术要求参考春季部分。

4.2.4.2 浇水

（1）制定灌溉计划

冻水要浇足浇透，一般安排在封冻前（12月初）浇完，浇到见冰碴为止，浇完冻水后及时封堰。要根据天气情况，应做好古树分布区域绿地内管线的巡视、维修、回水、关闸等工作。

（2）浇水技术要求

浇水过程中应有专人看护，浇水人员离开浇水现场应要关闭水源，避免其他人员随意改变水流喷射方向或破坏水管。特别注意：每次浇完水都要将井盖盖好，以确保安全。11月下旬随着气温降低，应根据当天夜间气温情况进行回水。

4.2.4.3 冬季枝条整理

（1）制定整理计划、明确整理目的

主要以整理树形为主，诊断并清除病虫枝、枯枝、折断枝等。

（2）整理措施、技术要求

作业时，应以尽可能多地保存现有活的枝条为原则，以保护古树名木正常生长为目的进行整理。禁止整理活枝。环境条件允许的可在树干涂药，防虫防病。

关注天气预报，随时掌握天气情况，大风及雪后及时巡查，及时清理树枝上的积雪。折断的树枝及时修剪，及时清运。

4.2.4.4 病虫害防治

整理清除古树名木病虫枝，重点清理槐豆荚等。清除树下带有病原物的枝条和落叶，减少病虫源。若虫上树前做好树干缠药环工作，并定期巡视、清理。修剪时，发现卵块随时清除。

4.2.4.5 设施维护

日常巡视古树相关的配套设施，对挡墙、栏杆、支撑、拉纤、抱箍、木栈道、围栏等设施进行维修、加固。有刻画、涂抹、损坏、腐蚀、掉漆等情况，应及时调整、修复、更换。

古树名木保护与复壮实践

第5章

古树名木保护复壮技术

5.1 古树名木避让保护技术

城市、乡镇的古树，多生长在空间有限的寺庙、宫殿、房屋、大院等建筑物区域或道路行驶范围内，这些建筑的修缮或道路的改造会严重影响古树的正常生长。根据《城市古树名木养护和复壮工程技术规范（GB/T 51168）》规定，“古树名木单株和群株保护范围的划分应符合下列规定：单株应为树冠垂直投影外延5 m，群株应为其边缘植株树冠外侧垂直投影外延5 m连线”。因此，在古树名木保护范围内进行施工作业时，相关单位应采取科学合理的避让保护措施，保证其生长环境不被负向扰动。

5.1.1 道路区域内古树避让保护措施

本案例古树位于通行道路中央或一侧，在其安全保护范围进行施工或施工车辆通行时，容易存在意外剐蹭、损伤古树的安全隐患。如图5-1所示，古树池规格直径约4.2 m，南侧路面宽度仅4.4 m，北侧路面宽仅6 m，北侧道路上方有多组古树保护撑杆，由道牙向内1.5m支撑距地面仅3.7 m，大型施工车辆通行范围狭窄，以该株古树为例，可采取以下避让保护措施。

5.1.1.1 放置防撞墩

施工前，在古树东西两侧各摆放3组1000 mm × 800 mm（成品C30混凝土）防撞墩，使用直径25 mm、厚1.5 mm、长2 m长配管连接（共6组），防止施工车辆意外碰撞古树。

5.1.1.2 设置限高杆

北侧通行道路设置内空高4.5 m × 3 m（实际通行高2.8 m）成品限高杆2组，限高杆立柱使用150 mm × 150 mm × 3.5 mm镀锌方钢，横撑使用120 mm × 120 mm × 3.5mm镀锌方钢，斜撑使用100 mm × 100 mm × 2.5 mm镀锌方钢，禁止超高超宽施工车辆通行，避免施工车辆意外剐蹭古树（图5-2）。

5.1.1.3 设置安全防护板

古树主干由树池向上4 m区域，设置直径1 m二分之一半圆形安全防护板（1套），防护板材质使用2 mm厚铝板，内衬20 mm × 20 mm × 2 mm厚镀锌钢管龙骨，粘贴警示反光贴，防护板距树干20 cm安装，使用调节抱箍结构与树干进行连接（3套），支撑顶端粘贴10 cm宽反光警戒标识（10 m）。

图5-1　古树现状及周边环境

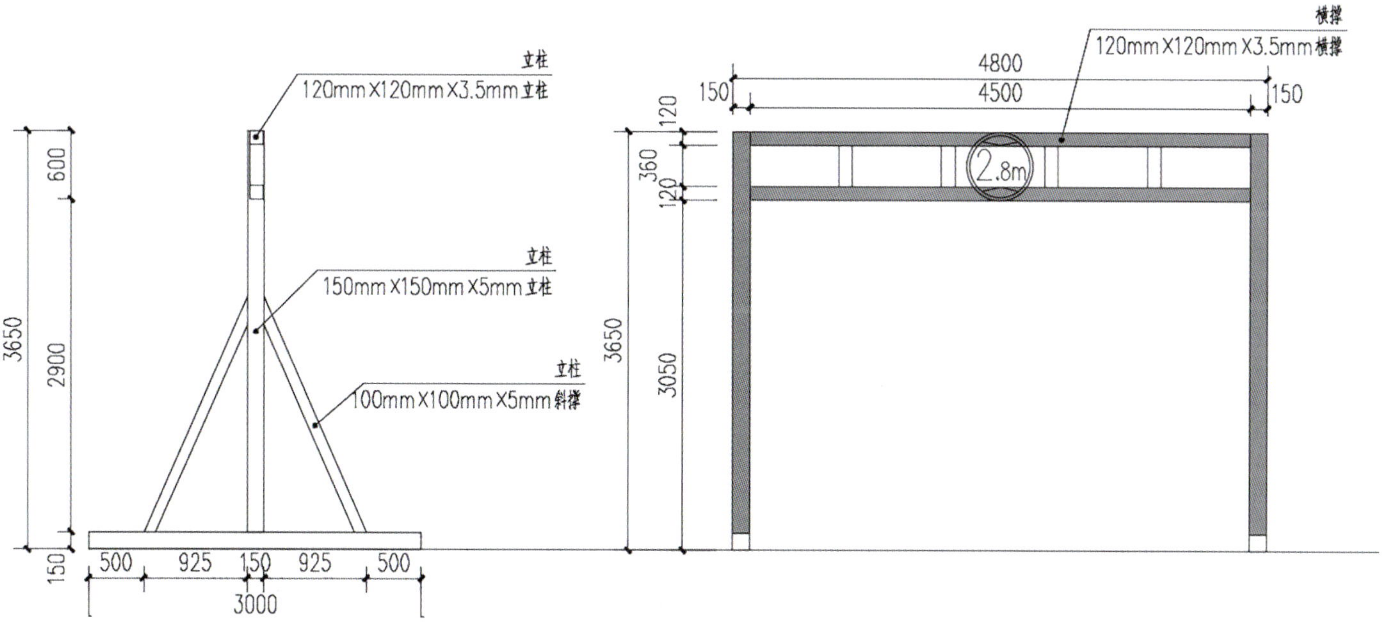

图5-2　限高杆尺寸示意图

5.1.1.4 夜间施工避让措施

夜间施工增加照明设施，设立专职人员，对通行车辆进行指挥。避让保护措施效果图、平面图、立面图，如图5-3~图5-5所示。

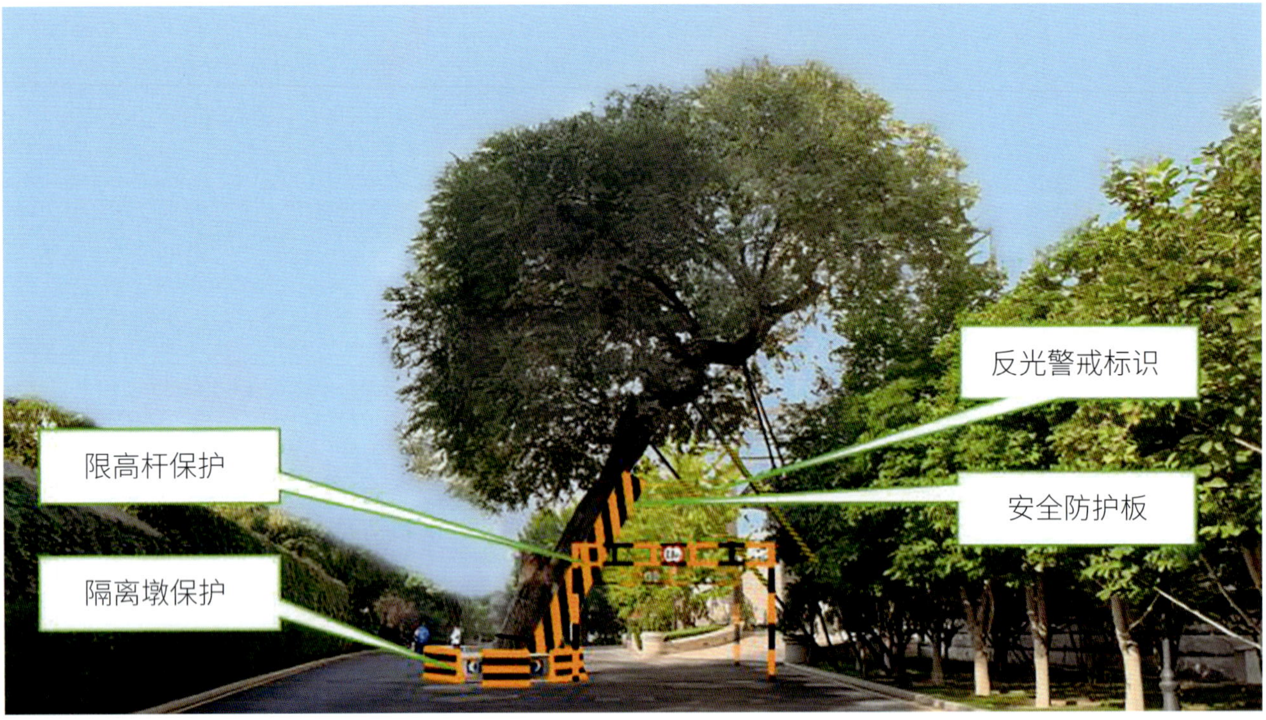

图5-3　避让保护措施效果图

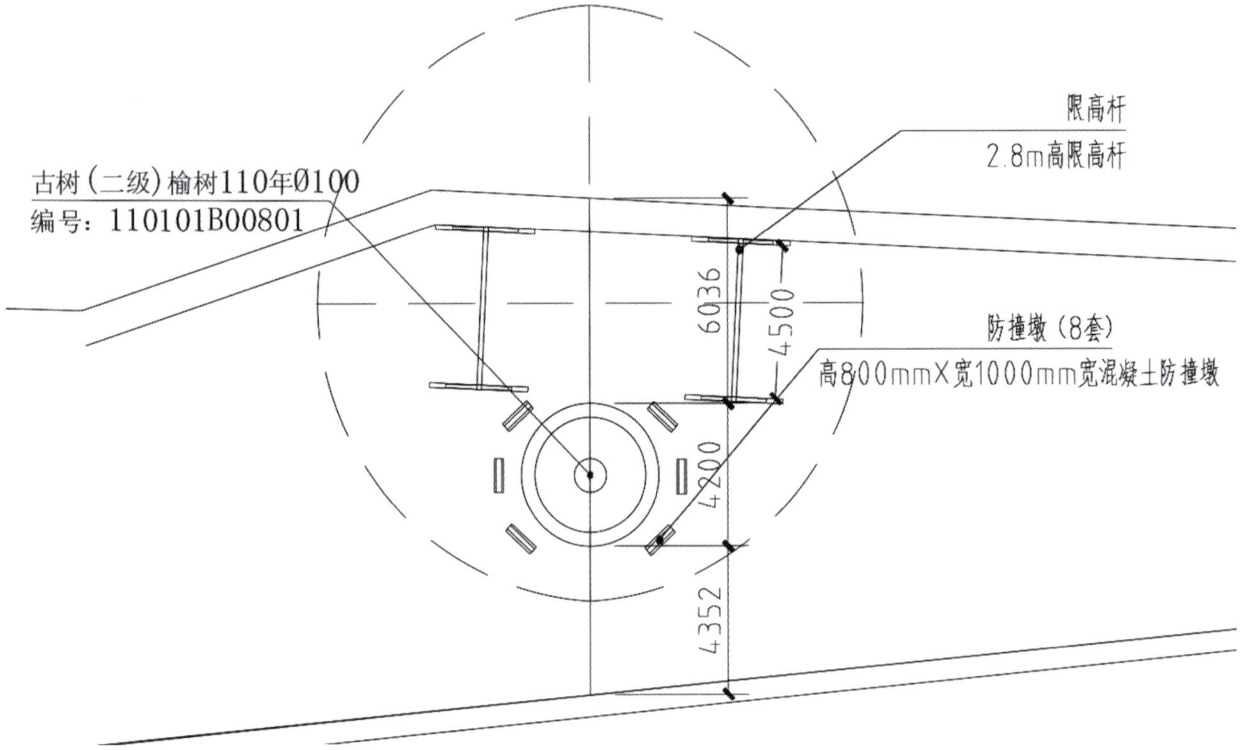

图5-4　避让保护措施平面图

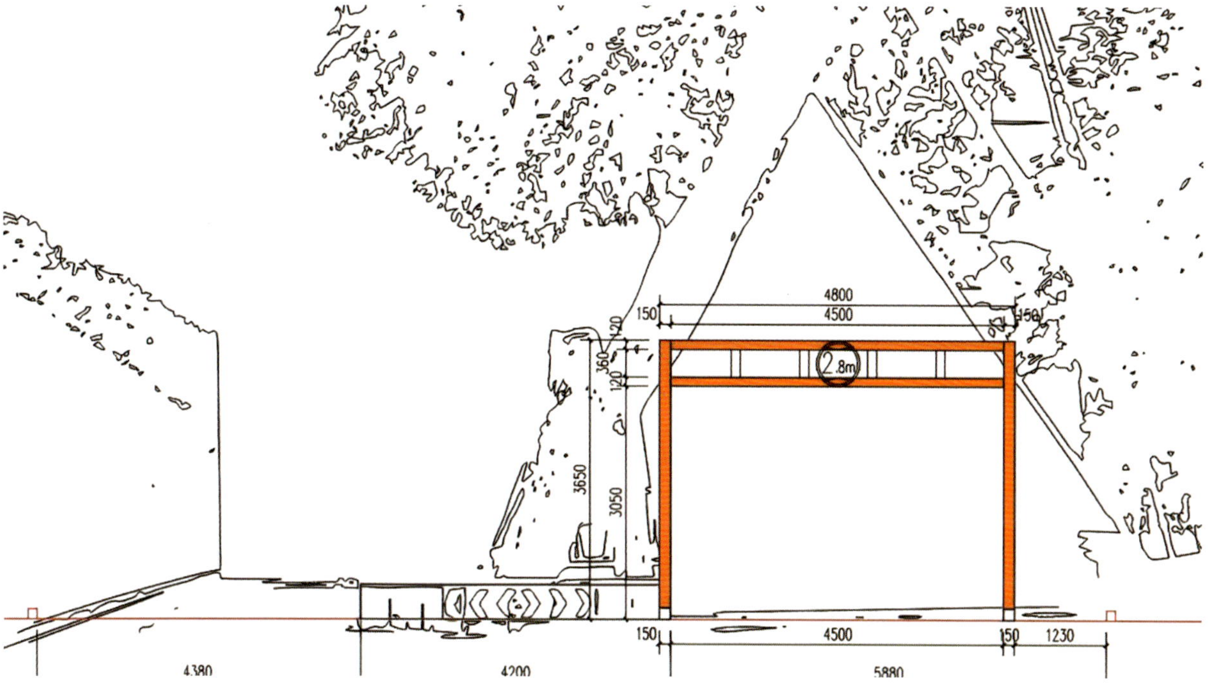

图5-5　避让保护措施立面图

5.1.1.5 实施效果

实施上述避让保护措施后，可以显著减少对古树名木的潜在威胁，确保其生长环境不受施工活动的负面影响（图5-6）。具体来说，实施效果体现在以下几个方面：

物理防护效果：放置的防撞墩和限高杆有效地限制了施工车辆的活动范围，防止了意外剐蹭和损伤古树的可能性，为古树提供了一层额外的保护屏障。

减少人为干扰：通过设置的安全防护板和夜间施工的照明设施，减少了施工人员和过往行人对古树的直接接触，从而降低了人为因素对古树生长环境的干扰。

提高施工人员的保护意识：通过交底、教育、培训等措施，施工人员会更加意识到保护古树名木的重要性，从而在施工过程中更加小心谨慎。

提升公众保护意识：通过宣传、告知、标识等措施，提升了公众对古树名木保护的认识和重视，形成共同保护古树的社会氛围。

5.1.2 建筑物区域内古树避让保护措施

当古树位于建筑物周边，在其安全保护范围进行建筑物修缮或拆除时，容易存在意外剐蹭、损伤古树的安全隐患。以图5-7所示古树为例，树高21 m，冠幅16.9 m，古树南侧枝干延伸较长，距离周边待拆除建筑东北角仅3 m，因此，在进行建筑物的拆除作业时，该株古树极易发生树枝劈裂、树干断裂甚至掉落等风险，可采取以下避让保护措施。

5.1.2.1 搭设保护性围挡

由于树木覆盖于拆除施工作业范围内，施工前在古树树干5 m处搭设围挡，单片规格3 m × 2.5 m高，围挡立柱间距3 m，立柱每间距6 m内侧设置斜撑（图5-8、图5-9）。防止围挡倾倒，围挡边长为暂定为10 m × 10 m（暂定搭设范围及高度，具体搭设需根据现场条件调整，尽可能沿树冠垂直投影外5 m搭设围挡）。

图5-6　道路区域古树避让保护施工后效果

图5-7 古树现状周边环境影像

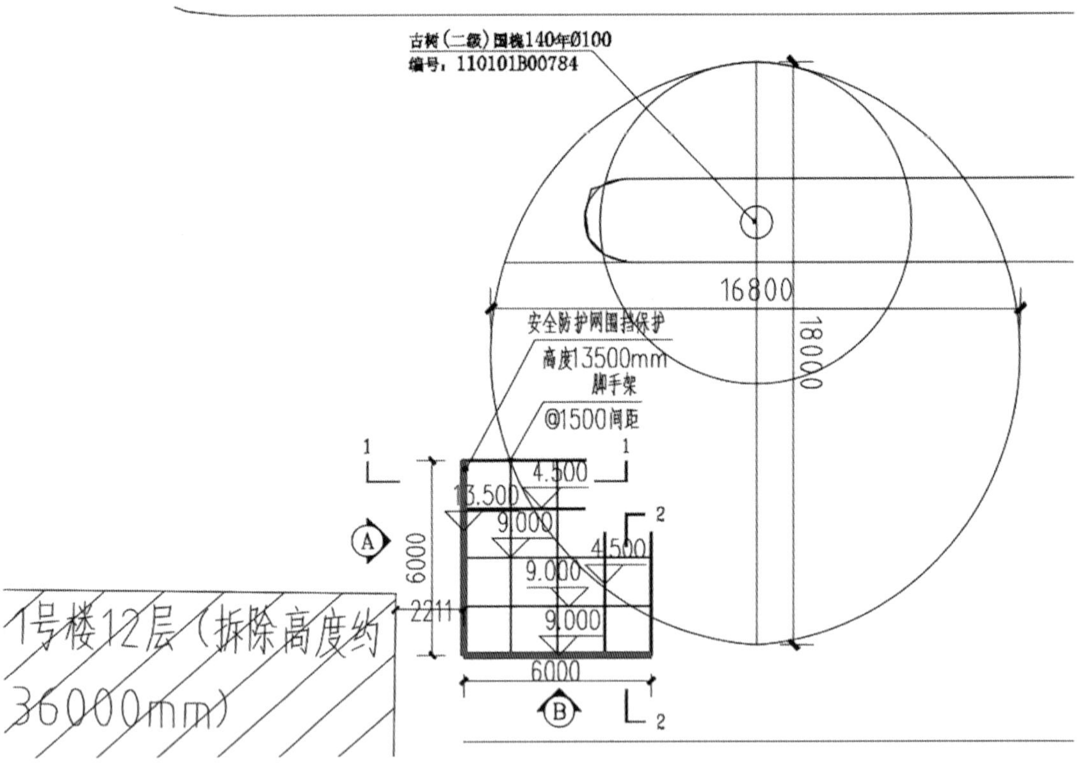

图5-8 防砸围挡面做法平面图

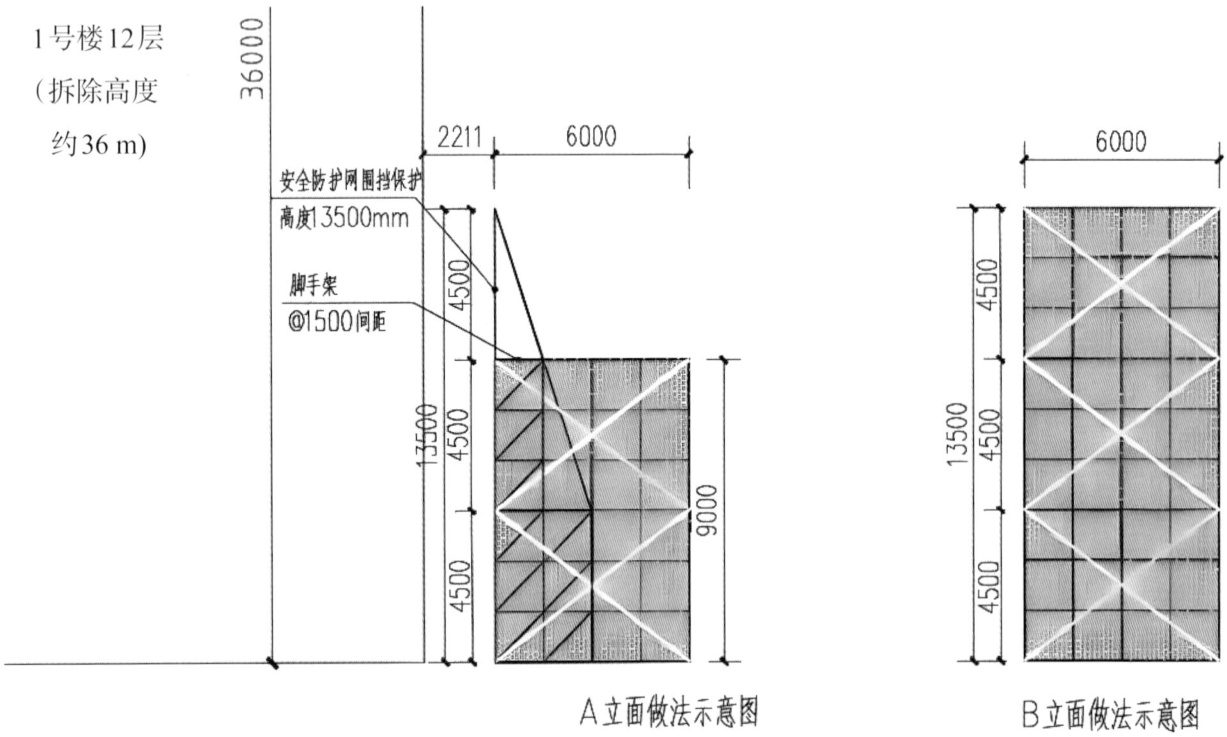

图5-9A 防砸围挡面做法立面图

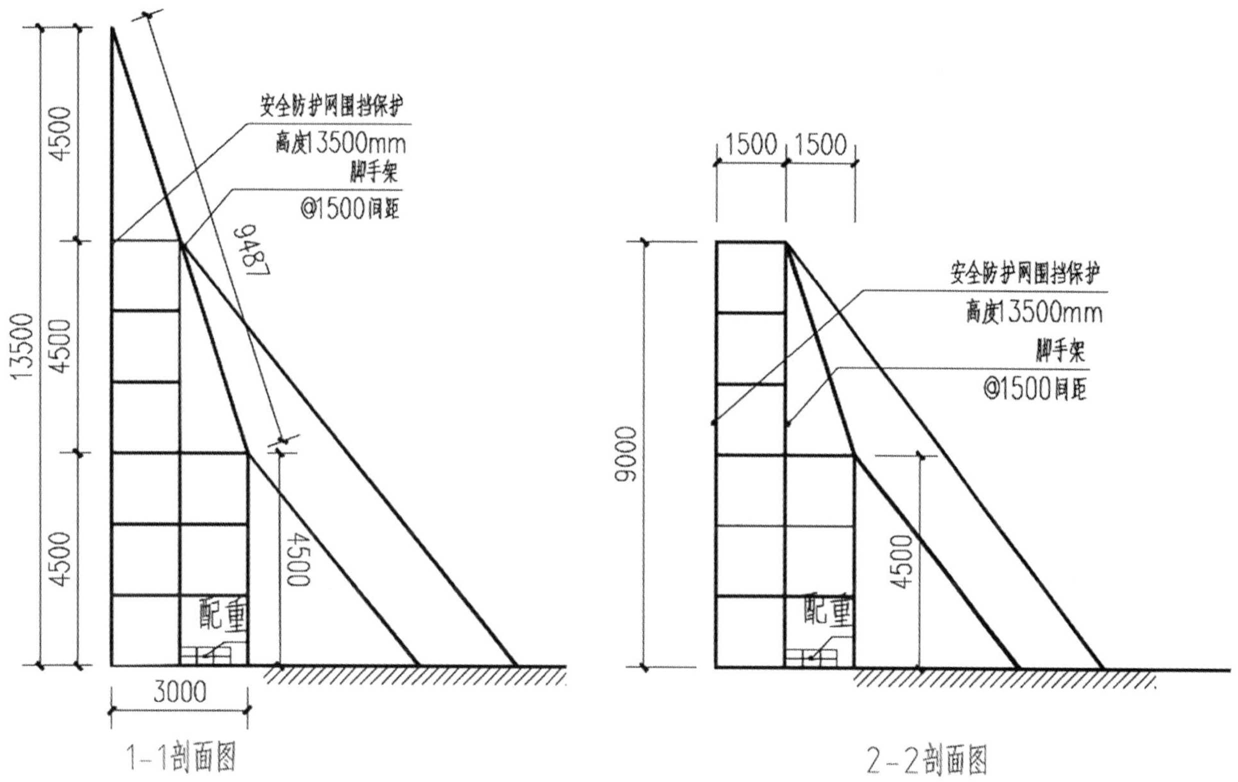

图5-9B　防砸围挡面做法立面图

5.1.2.2 设置警示标识、标牌和防撞墩

围挡外侧醒目位置安装保护古树名木“七禁止”行为警示牌1套；围挡顶端粘贴10 cm宽反光警戒标识（40 m）；围挡四周悬挂长1 m、宽0.6 m车辆减速避让反光提示标牌一套；警示灯一套，围挡外每间距2 m安装800 mm × 1000 mm防撞墩1个。避让保护措施图如图5-10~图5-14所示。

5.1.2.3 设立专职指挥人员

贴近古树作业面施工时，施工应设立专职人员，现场指挥作业。

5.1.2.4 安装保护性抱箍

由于该株古树树冠南侧分枝伸展较长，安装两组可调节抱箍进行拉纤牵引保护（一组）。

5.1.2.5 实施效果

实施上述避让保护措施后，显著降低建筑破碎物砸伤古树枝杈的风险（图5-15）。具体来说，实施效果体现在以下几个方面：

物理保护效果加强：通过搭设保护性围挡、设置防撞墩和警示标识，有效地在物理层面上保护了古树免受施工活动的直接影响，有效防止施工机械或材料直接接触到古树，从而避免了可能的物理损伤。

提升施工安全意识：设置的警示牌、减速避让提示标牌以及警示灯等设施，不仅提醒施工人员注意保护古树，同时也增强了施工现场的安全性，降低了因施工导致的意外事故风险。

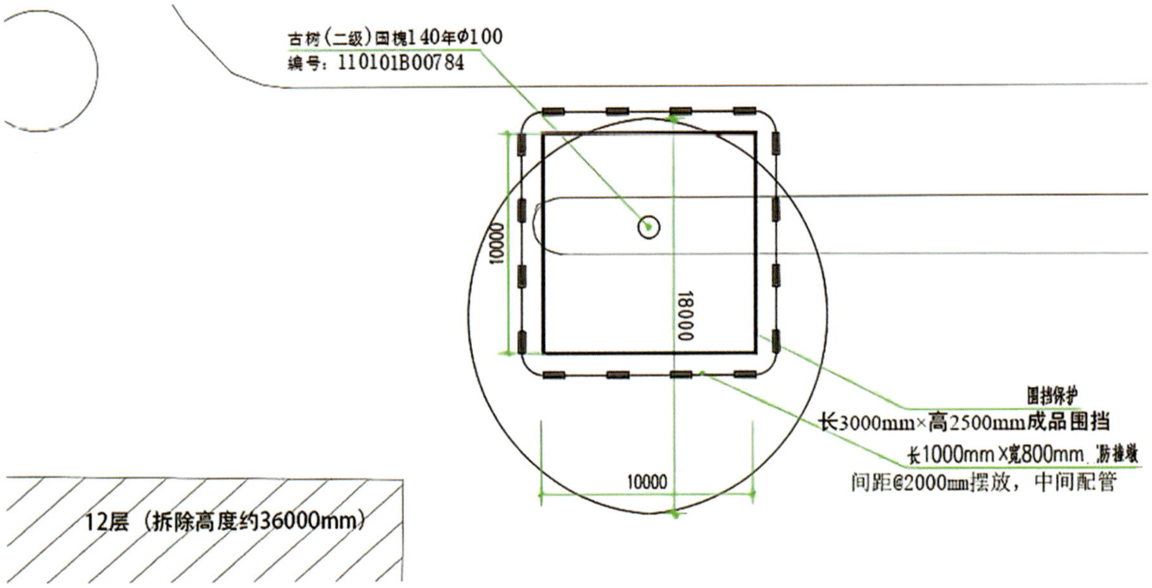

图5-10　避让保护措施平面图

图5-11　避让保护措施牌

专项保护措施实施：通过安装保护性抱箍和搭设脚手架防砸围挡，对古树的特定部分进行了重点保护。这些措施针对古树的树冠和枝干进行了专门的防护，确保了施工期间古树的关键部位不会受到伤害。

减少人为干扰和破坏：确保了施工活动在有序、可控的范围内进行，从而减少了人为因素对古树的干扰和破坏。

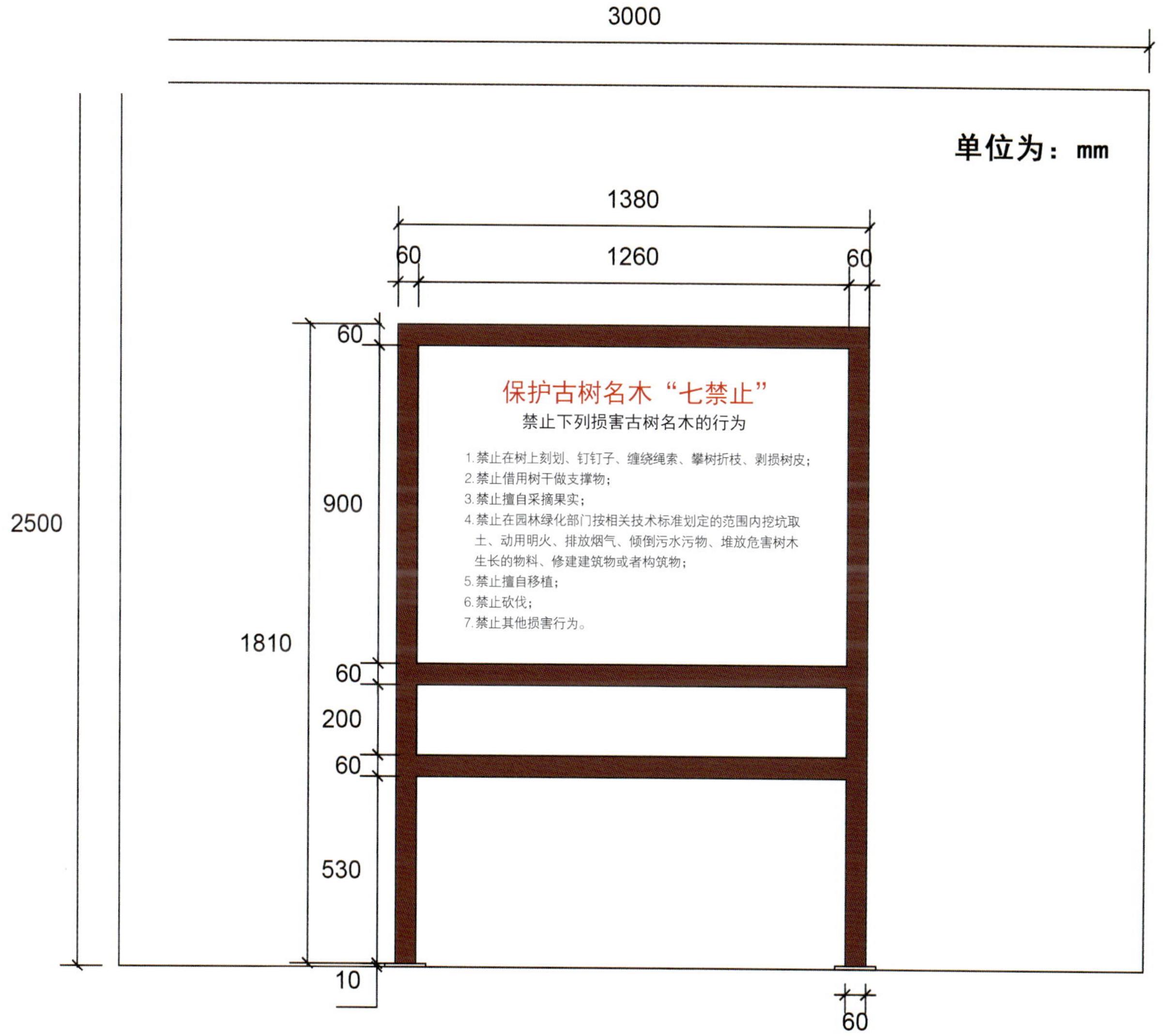

图5-12　警示牌尺寸图

图5-13　减速避让牌样式图

图5-14　警示灯样式图

图5-15　古树避让保护施工后

5.2 古树名木病虫害绿色防控技术

通过采取生态治理、生物控制、物理诱杀等绿色防控技术控制古树名木病虫害的发生和蔓延，确保古树名木健康生长；选用低毒高效农药、先进施药机械和科学施药技术减轻农药残留、污染，确保周边环境安全和生态安全。

5.2.1 基本要求

建设古树公园、古树社区等工程时，新购进的苗木、花卉、草皮及绿化材料，需提供相关的植物检疫证书。古树周边有水源地时，不应使用影响水生物、污染地下水及土壤的药剂。清除古树周围的杂草时，采用人工方式清杂，不应使用化学除草剂。在古树名木日常养护管理中，应注意保护和利用天敌资源，并创造适合天敌生长、繁殖的人工条件。古树害虫生物防治常见天敌及使用方法见附录B。

合理使用安全、高效、经济、环保、低毒、低残留的无公害农药。施药人员施用药剂时应做好防护工作并符合《农药安全使用规范总则（NY/T 1276）》的要求，不应在安全间隔期限内施药。对古树树干进行虫孔塞药（药签、树干杀虫剂等），应根据主干胸径大小确定用量。为避免有害生物抗药性的产生，不同类型农药应合理交替使用，每次施药间隔期一般为7~10天。应按《农药管理条例》技术要求，做好药品使用台账管理，农药废弃物应集中回收处理。

5.2.2 螨类

5.2.2.1 常见种类

叶螨、瘿螨等。

5.2.2.2 危害特点

主要刺吸植物组织的汁液（花、叶、茎），造成植物叶片失绿、卷曲、黄叶或落叶，导致植物失水，树势衰弱，甚至死亡。高温干旱及通风不良的条件有利于螨类的发生、危害。

5.2.2.3 识别方法

看叶片有无卷曲、结网，叶色有无失绿变黄或黄色斑点，看树下地面有无非正常落叶、有无虫瘿等。

5.2.2.4 防治方法

螨类发生量较小且不影响树木生长时，用高压设备喷施清水冲洗树冠，每周喷施2~3次，直接冲洗掉弱、幼成螨。干旱季节应及时浇水，以补偿树木因干旱和螨类所造成的失水。

春季出蛰前，清除主干老翘树皮及树下枯枝落叶和杂草，消灭越冬代害虫。树干绑草把诱集越冬雌成螨，早春取下作集中销毁处理。

树木发芽前（越冬螨出蛰盛期），使用3~5波美度石硫合剂喷雾防治。喷药时抓住防治关键期，使用哒螨灵等药剂喷雾防治，均匀喷药。注意保护天敌，如蓟马、捕食螨、瓢虫、草蛉、小花蝽等。古树名木常见螨类防治方法详见附录C。

5.2.3 刺吸类害虫

5.2.3.1 常见刺吸害虫种类

蚜、蚧、粉虱、木虱、蓟马、蝉、蝽等。

5.2.3.2 危害特点

主要刺吸植物组织的汁液（花、叶、茎），造成植物叶片失绿、卷曲及煤污、病毒病的传播，导致植物失水，树势衰弱，甚至死亡。大部分种类有分泌物（蜜露或蜡质）。高温干旱季节易暴发。大多数初期不易发现，有隐蔽性，繁殖速度快，世代重叠现象严重。

5.2.3.3 识别方法

看叶片有无卷曲、叶色有无失绿变黄或黄色斑点，看树下地面有无非正常落叶、有无油点（害虫分泌物）等。

5.2.3.4 防治方法

古树名木常见刺吸类害虫防治方法详见附录D。

（1）蚜虫防治

防治方法：利用黄色粘虫板诱粘有翅蚜虫；人工摘除或剪除虫叶；虫量不多时，以高压喷施清水冲洗芽、嫩叶和叶背；合理修剪，保持通风透光，以减少虫口密度；冬初喷洒3~5波美度石硫合剂，杀灭越冬代害虫；若虫、成虫发生初期喷洒10%吡虫啉可湿性粉剂2000倍液或1.2%烟碱•苦参碱乳油1000倍液等；保护天敌，如蠋蝽、瓢虫、草蛉、食蚜蝇和蚜茧蜂等。

（2）介壳虫防治

防治方法：人工采用硬质塑料毛刷刮除虫体或剪除虫枝；清除砖头堆、渣土、垃圾和杂草等，搞好树下环境卫生，消灭越冬代害虫；若虫发生初期，无蜡质介壳覆盖时，可喷洒3%高渗苯氧威乳油3000倍液或10%吡虫啉可湿性粉剂2000倍液等，喷洒时再掺入0.1%的中性洗衣粉，以增加药效；天敌发生盛期不应喷洒伤害天敌的药剂，保护捕食性天敌红环瓢虫、黑缘红瓢虫等和寄生性天敌草履蚧花翅跳小蜂等。

针对草履蚧的防治方法：12月上旬在树干基部上方1~1.2 m处刮除粗皮或用泥抹平树缝，涂闭合粘虫胶环或绑缚闭合塑料环，胶或环宽15~20 cm，粘杀或阻隔草履蚧等若虫上树。每隔5天巡查一次，人工抹杀若虫。4月上旬，将塑料环取下。

（3）蓟马防治

防治方法：冬季结合修剪，剪除越冬卵；日常修剪，剪除受害严重的叶片；幼龄若虫期，可使用25%扑虱灵可湿性粉剂1000倍液、10%吡虫啉可湿性粉剂2000倍液、3%高渗苯氧威乳油3000倍液或5%氟铃脲乳油2000倍液等喷雾防治；保护异色瓢虫、红源瓢虫、草蛉等天敌。

（4）蝉类防治

防治方法：秋季清除绿地内杂草，减少越冬或活动场所；冬季人工清除树体上的卵块；成虫期可利用杀虫灯诱杀成虫；若虫期可使用25%扑虱灵可湿性粉剂1000倍液或10%高效氯氰菊酯药液3000倍喷雾防治。

（5）蝽类防治

防治方法：清除绿地内杂草和残叶，消除越冬成虫；成虫期可利用杀虫灯诱杀成虫；初冬向寄主植物喷洒3~5波美度石硫合剂，杀灭越冬代害虫；成、若虫期可使用25%噻虫嗪3000倍液、3%啶虫脒

1500~2000倍液、3%高渗苯氧威2500倍液及10%吡虫啉2000倍液等药剂喷雾防治。

（6）木虱防治

防治方法：成虫期可在树冠上悬挂黄板进行诱杀；若虫期可使用清水冲洗树梢或喷洒1%苦参碱水剂1500倍液；选择若虫初孵化期进行防治，清水冲洗或喷施20%蚧虫净乳油1000倍液、10%吡虫啉可湿性粉剂2000倍液或1.2%烟碱•苦参碱乳油1000倍液；保护、利用瓢虫、寄生蜂和草蛉等天敌。

5.2.4 食叶类害虫

5.2.4.1 常见食叶害虫种类

叶甲及鳞翅目的蝶、蛾类幼虫等。

5.2.4.2 危害特点

幼虫直接取食植物组织，常咬成缺口或仅留叶脉，甚至全吃光。少数种群潜入叶内，取食叶肉组织，或在叶面形成虫瘿。有些种类的发生具有周期性、暴发性和顽固性。

5.2.4.3 识别方法

看古树叶片有无咬食缺刻、虫眼，叶面有无缺绿潜斑，有无拉网结丝，有无只剩叶脉的叶片，地下有无虫粪等。

5.2.4.4 防治方法

古树名木常见食叶类害虫防治方法详见附录E。

（1）叶甲类防治

防治方法：冬季及时清除古树周边杂草、落叶，翻土，消灭越冬成虫；利用成虫假死习性，于早、晚振落人工捕杀；人工清除树干上集中化蛹的老熟幼虫；初孵幼虫期使用10%吡虫啉2000倍液喷雾防治；成虫发生期使用25%高渗苯氧威可湿性粉剂3000倍液喷雾防治；保护天草蛉、寄生蜂、螳螂等天敌。

（2）蛾、蝶类防治

防治方法：冬季人工摘除枝上卵块或挖除枝干基部的越冬茧，集中销毁；虫期可利用杀虫灯或性信息素诱捕器诱杀成虫；幼虫发生期使用Bt乳剂500倍液、1.2%烟碱•苦参碱乳油1000倍液或3%高渗苯氧威乳油3000倍液等进行防治；保护茧蜂等天敌。

5.2.5 钻蛀类害虫

5.2.5.1 常见钻蛀害虫种类

鞘翅目（天牛、小蠹、象甲、吉丁虫等）、鳞翅目（木蠹蛾、小卷蛾、松梢螟、透翅蛾等）、膜翅目（树蜂）等。

5.2.5.2 危害特点

危害隐蔽性强，具有危害严重、防治难度大等特点。咬食枝梢嫩皮，钻蛀古树树干、树枝及叶柄，破坏输导组织，能直接致古树名木整株死亡。

5.2.5.3 识别方法

看树冠上有无枯死嫩枝新梢，树枝上有无虫瘿，主干树皮有无虫孔、木屑、流胶，地下有无落枝落叶、虫粪木屑，敲击主干有无空腐声等。

5.2.5.4 防治方法

古树名木常见钻蛀类害虫防治方法详见附录F。

（1）栽培管理

加强浇水、施肥、中耕松土，对衰弱古树进行复壮，以增强树势，预防和减少危害。伐除并烧毁周边严重虫害木。及时剪除病虫、风折枝。

（2）生物防治

幼虫期释放蒲螨或肿腿蜂等天敌昆虫进行防治，其使用方法详见附录B。

（3）物理防治

在成虫产卵高峰期，用橡皮锤槌击树干的产卵刻槽或用小刀刮削树干撬开缝隙处的树皮，挖除虫卵；人工剪除有幼虫危害的新梢。

在成虫大量发生期，可人工捕杀成虫。成虫期可利用杀虫灯诱捕器、性信息素诱捕器诱杀成虫。根据不同害虫成虫期，每2~3亩绿化用地设置1处柏木堆，每个柏木堆放置6根新鲜的柏木，下层3根，中层2根，上层1根，每根柏木直径不低于5 cm，长度为0.8~1 m。于5月中旬前，统一清理诱木及诱木内的有害生物。双条杉天牛、柏肤小蠹等可用此法作成虫发生期监测及防治手段。

（4）化学防治

定期检查古树树干，当发现树干有虫孔且孔中有新鲜的木屑时，说明孔中有幼虫活动并危害。可在虫孔内注射3%甲维盐微乳剂10~50倍液、3%噻虫啉1500倍液、10%高效氯氰菊酯1500倍液、20%吡虫啉1000倍液等防治幼虫，胸径10 ~15 cm注射50 mL。成虫危害期喷药封干防止成虫上树。

密闭熏蒸防治：在封干防治后，在受虫害的树干部位，用0.1 mm塑料布围住，用胶带或湿泥密闭，熏蒸1~2天。蛀孔密闭熏蒸。用注射法防治后，立即用湿泥封口。

药物灌根防治：25%噻虫嗪3000倍液、20%吡虫啉1000倍液。

5.2.6 地下害虫

5.2.6.1 常见种类

鞘翅目（芫天牛、蛴螬等）。

5.2.6.2 危害特点

以幼虫在地下土壤里咬食古树名木植物根部危害，破坏根的输导组织，可致根系死亡，造成地上部分整株衰弱或死亡。该类幼虫害虫不易被发现。

5.2.6.3 识别方法

看树冠叶片有无整体萎黄或者枯死、浅层根系有无被啃食等。在芫天牛产卵期检查主干2 m下树皮上有无块状浅黄绿色卵块。

5.2.6.4 防治方法

加强养护管理，中耕松土，使用充分腐熟的有机肥；利用糖醋液、杀虫灯监测诱杀成虫；下午或傍晚用振落法捕杀成虫；成虫发生严重时，使用3%高渗苯氧威乳油2000倍液等药剂喷雾防治；针对芫天牛幼虫的防治，在成虫产卵期及卵孵化期，喷10%高效氯氰菊酯药液2000倍液、1.2%苦参•烟碱乳油1000倍液或3%高渗苯氧威乳油3000倍液封干，以杀死成虫和刚孵化的小幼虫，每半月一次；使用白僵菌、绿僵菌等药剂防治蛴螬。

5.2.7 非侵染性病害

5.2.7.1 营养失调

当古树名木出现缺素症会导致异常生长，应及时补充缺失元素，增施多元素或含微量元素的复合肥。

缺乏氮元素会造成植物叶片比正常生长偏小，叶片颜色呈黄绿色或黄色，新发育的枝条细弱。

缺乏磷元素会导致叶色暗绿，叶片无光泽或呈紫红色，下部老叶片脱落。

缺乏钾元素会导致老叶片尖端沿叶缘逐渐变黄干枯，似烧焦状。

5.2.7.2 冻害

植物冻害是指气温降至冰点以下，植物因细胞间隙结冰引起的伤害。植物受冻后，会在其局部表现出干枯失水、开裂、萎蔫等现象。

在冬初和早春季节，对抗寒性差的古树名木，应及时采取涂白、缠保温带、搭设风障、根部培土等防寒措施，可有效避免冻害的发生。

5.2.7.3 日灼伤

夏秋高温干旱季节，日光直射裸露枝干，表面温度达40°C以上时，会引起植物日灼伤。

受日灼伤害的树皮，干枯开裂，严重时脱落。冬季枝干的日灼，与树皮温度剧变、冻融交替有关，因此常发生在向阳面的枝干上。

为防止日灼伤的发生，可进行冬季涂白等措施防护。枝条整理时在树体的西南方向多留枝条也可减轻日灼危害。

5.2.7.4 药害

使用农药时应严格按照农药说明书和使用浓度进行操作，不应超过古树名木所忍受的浓度。避免夏季中午高温时进行喷药。

5.2.7.5 肥害

选用合理的肥料品种，鼓励采用增施有机肥，平衡施肥，严格控制使用浓度和使用时期。可以采取配方施肥，肥土拌匀，施肥后浇水等方法预防肥害。

5.2.7.6 土壤酸碱度失调

通过增施有机肥调整土壤酸碱度；当土壤过酸或过碱时，可使用生石灰或硫酸亚铁进行辅助调节。

5.2.7.7 水分供应失调（干旱、涝害）

重视古树名木的水分管理，灌水时做围堰，每次浇足浇透，不可频繁灌水。做好春季浇返青水和冬季浇冻水，早期加强灌水，雨季注意做好排涝，土壤含水量控制在8%~25%，以14%~19%为宜，避免引起树木水分供给失调。

5.2.8 叶部病害

5.2.8.1 常见叶部病害

叶斑病、叶枯病、锈病、白粉病、黑斑病、褐斑病、炭疽病、煤污病等。

5.2.8.2 危害特点

病原物主要为真菌等，常危害古树名木的叶片。

5.2.8.3 识别方法

查看叶片上有无病斑、锈斑、白粉层等。

5.2.8.4 防治方法

古树名木常见枝干病害发生规律及防治措施详见附录G。

（1）叶斑病类防治

及时清除病残体；适度枝条整理，增强通风透光度。发病初期喷施50%百菌清可湿性粉剂400倍液或50%速克灵可湿性粉剂1000~1500倍液等药剂防治。每隔7~10天喷1次，连喷3~4次。

（2）叶枯病类防治

古树名木区域做好排水措施。合理施肥，增强树势，提高抗病力。秋冬季清除树下病叶集中销毁，消灭病源。4、5月遇雨或潮湿时为子囊孢子传播侵染期，使用65%代森锌可湿性粉剂800倍液喷雾防治，每15天喷1次，共喷2~3次预防。或用50%甲基托布津可湿性粉剂1000~1500倍液喷雾防治，每隔7~10天喷1次，连续喷3~4次预防。

（3）锈病类防治

古树公园、古树社区等规划设计时，苹桧锈病应避免仁果类果树与柏科树木近距离栽植。冬季剪除柏树上的瘿瘤。及时清除病枝、病叶，合理施肥等。春季第一场透雨后，4、5月遇雨或潮湿时孢子萌发扩散前往柏树上连喷2次25%三唑酮可湿性粉剂2000倍液或苯醚甲环唑800~1200倍液等药剂喷雾防治苹桧锈病。

（4）白粉病类防治

加强养护管理，合理施肥浇水，增强树势，适当增施磷、钾肥。结合枝条整理，及时清理病枝、病叶，增强树冠通风透光，减少病害发生。

早春树木发芽前，使用3~5波美度石硫合剂等药剂喷雾防治。展叶和生长期，使用25%三唑酮可湿性粉剂2000倍液、50%甲基托布津可湿性粉剂1000~1500倍液、70%代森锰锌可湿性粉剂1000倍液、25%多菌灵可湿性粉剂800倍液等药剂喷雾防治。

（5）炭疽病类防治

及时清除树下枯枝落叶，减少病原物。注意免受冻害和霜害。养护中尽量避免造成伤口，浇水时不要淋浇，合理施肥等。发病初期，喷施50%退菌特可湿性粉剂600倍液体等药剂防治，每10天喷1次可预防该病害。

（6）煤污病类防治

做好树冠整理，改善通风透光条件。防治蚜虫、介壳虫、木虱等刺吸性害虫。

5.2.9 枝干病害

5.2.9.1 常见枝干病害

腐烂病、枣疯病、松枯梢病等。

5.2.9.2 危害特点

病原物主要为真菌、细菌、植原体，常危害嫩梢、枝、干等部位。

5.2.9.3 识别方法

查看枝干有无丛枝，主干、枝干皮层有无腐烂的病斑，有无枯死嫩梢，主干上有无马蹄形子实体等。

5.2.9.4 防治方法

古树名木常见枝干病害发生规律及防治措施见附录H。

（1）腐烂病防治

加强肥、水等养护管理，增强树势；消除病枝，注意保护各种伤口，防止或减少病菌侵染。用70%百菌清可湿性粉剂300倍液喷施树干，10天左右喷一次，连续喷2~3次。发生严重时先刮除树干病部坏死组织，海棠腐烂病防治方法使用生物制剂制成的抗腐剂2%农抗120水剂150~200倍液，每隔7~10天喷1次，连喷2~3次对病斑进行涂药处理。

（2）枣疯病防治

加强古树肥水管理，适当修枝、除草，增强树势，提高其抗病能力。增施有机肥和磷、钾肥，缺钙土壤要追施钙肥，增强树势，提高抗病能力，阻止病害传播。清除杂草及树下根蘖以杜绝媒介昆虫的繁殖与越冬。发病较轻时，可用1000 mg/L盐酸四环素注射病树，有一定的治疗效果。

（3）松枯梢病防治

加强管理，增强树势。及时清除病枝，及时防控松大蚜、松干蚧、松毛虫等害虫。在4~5月病菌孢子散发期喷洒1：1100波尔多液或77%可杀得可湿性粉剂400倍液，每15天喷1次，连喷3~4次。

5.2.10 根部病害

5.2.10.1 常见根部病害

紫纹羽病、白纹羽病、根腐病、根癌病等。

5.2.10.2 危害特点

病原物主要为真菌和细菌，常危害古树名木的根部。

5.2.10.3 识别方法

观察根部有无菌丝膜、菌索或菌核及增生组织，伴有皮层腐烂、木质部腐朽等情况。

5.2.10.4 防治方法

（1）紫纹羽病

植物进入生长期后，应增施磷钾肥，增强植株抗病力。汛期做好排水，防止积水。在干旱时要及时抗旱，利于根系健壮生长。找到患病部位，用小刀彻底刮除病斑。清理患病部位后，应在伤口处涂抹杀菌剂，防止复发。用70%甲基托布津或50%多菌灵500倍液灌根。

（2）白纹羽病

中耕松土，汛期做好排水。施用有机肥料，改善土壤团粒结构，促进根系发育，提高抗病能力。25%丙环唑乳油2500倍液、70%敌磺钠800倍液或35%嘧菌酯1500倍液灌根。用药前若土壤潮湿，建议晾晒后再灌透。

（3）根腐病

加强肥水管理，增强植物长势，提高抗病性。汛期要做好排水，防止积水。在干旱时要及时补水，促进根系健壮生长。植物进入生长期后，应增施磷钾肥，增强植株抗病力。使用30%甲霜•恶霉灵500~2000倍液灌根。

5.2.11 质量标准

天敌释放时间和释放量应结合虫害生活史的关键时期而定，且应于晴朗天气释放。释放天敌后，30天内不能用化学药剂喷药。

摘除虫包、卵块或病斑时，其范围应限于被害部位。刮除时使用工具要锋利，不应过多损伤树体，不应留下虫体或病变组织。摘除的虫体或病斑应及时收集，妥善处理或烧毁，不能乱丢滥放。

配药浓度要准确，不能发生药害。喷药时应尽量呈雾状，叶面附药均匀。喷药人员应下车打药，喷的仔细，打的周到，不得出现空白喷不到的地方。喷药要达到“枝枝有药，叶叶有药”，做到打一次药，有一次效果。

5.2.12 注意事项

喷药前应做好虫情调查，做到“有的放矢，心中有数”。喷施药剂应避开高温时段，打药应细致均匀，叶片正反兼顾。施药后2小时内若下雨，应适时补喷一次。喷药后，应及时进行记录，内容包括防治时间、天气情况、防治对象、危害生物、防治地点、防治方法、药剂名称、防治倍数、机械车辆使用情况等。农药应有专门库房进行存放，登记好出入库记录；储存地点通风良好，避免潮湿、高温、暴晒。药品废袋、空瓶应有专门的回收方案，严禁随意丢弃处理。

患有皮肤病、呼吸道类疾病的人员以及哺乳期、孕期妇女，不应喷洒农药。配药、施药现场，作业人员不准许吸烟、喝酒、用餐、饮水，不应用手擦拭面部。在喷洒药液作业时，应注意自身和环境的安全，喷药时应穿戴好防护衣裤、胶鞋、胶皮手套，以及相对应的防毒面具或口罩、防护眼镜，操作人员应站在上风，实行顺风隔行施药。施药时，应设置安全工作区域，禁止游人进入。施药人员每天喷药时间不应超过6小时。

5.3 古树名木树冠整理技术

古树名木树冠整理技术，应遵循“最小干预、安全第一、科学规划、促进生长”的整理原则，旨在最小化对古树的人为干扰，同时最大化促进其生长潜能与健康恢复。技术核心包括因树制宜的整理时机、系统化的操作流程及创伤保护措施。通过枝条整理和疏除花果，不仅能够显著改善古树冠内的通透条件，增强光照穿透性，减少树体养分消耗，减少病虫害滋生；还可以降低风阻，提高古树的抗风能力，减少因极端天气导致的树体损伤，全方位保障古树的健康与安全。

5.3.1 整理原则

应根据树种特性提前制定详细的枝冠整理方案，包括整理时间、人员安排、工具准备、进度、枝条处理、现场安全等。方案需经专家论证通过，报区园林绿化部门同意后，选择合适时机实施。

古树名木与房屋、架空电线等发生矛盾，且存在严重安全隐患时，在不影响古树整体树形和正常生长的情况下，应制定枝冠整理避让方案，经专家论证，报区园林绿化部门同意后方可实施。

活枝不能随意回缩、短截，最大程度保持古树原有的树形。及时疏花疏果，减少树体养分消耗。应随时清除枯死枝、断枝、劈裂枝、病虫枝等。能体现自然风貌、无安全隐患的常绿古树枯枝，应在防腐处理后予以保留。树冠枯死枝条达到60%以上，且骨架大枝已枯死的落叶类古树，视情况去除相应风险枝条，保留粗壮主枝，对粗壮主枝进行防腐、支撑、加固等处理，以保证树冠完整。

5.3.2 整理时期

常绿树宜选择休眠期间，即冬季寒流冷锋过境之后。落叶树宜选择休眠期间，即落叶后至萌芽前。有伤流的树种应避开伤流期。槭树科的元宝枫、五角枫等，胡桃科的核桃、胡桃楸，榆科的榆树等在展叶后整理。常见古树名木整理最佳时期详见附录I。

因极端天气造成树体倾斜、枝杈劈裂、折断时，应及时整理，消除安全隐患。

5.3.3 整理流程

应遵照“先大后小、先疏后短、由下到上、由里到外”的顺序进行整理。即先去大枝，后去小枝；先疏枝，后短截；先剪下部，后剪上部；先剪内膛枝，后剪外围枝。采用高枝剪、升降车或搭设脚手架进行整理时，应注意树下人、物等安全。整理前应先由技术人员在锯口处用笔作出标记，再由工人操作。技术人员应尽量详细地对工人进行枝条整理操作程序的技术交底工作。

整理时，剪切部位应在活枝侧芽上方约0.5 cm处，剪口平整略微倾斜以利于愈合生长。短截枯枝时应剪到活组织处，不留残桩（图5-16）。

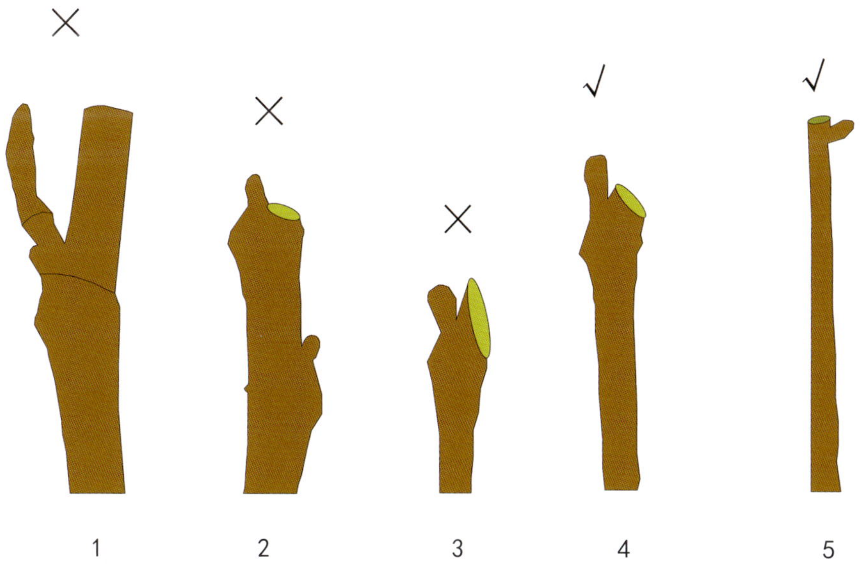

1.距离花蕾过远；2.距离花蕾较近；3.截面过于倾斜；4.正确的剪口；5.针叶树种正确的剪口

图5-16 错误剪口与正确剪口示意图

疏枝时应保证剪口下不留残桩，应在分枝的结合部皮脊线的外侧剪切，不应伤及皮脊线，剪口要平滑，利于愈合（图5-17）。

去除5 cm以上大型枝条时，应在大型枝条上系安全绳或分段截除，采取分段截枝法，操作步骤如下：先用锯在枝基部向枝延伸方向10~15 cm处的下方由下向上锯入1/3~2/5；然后在锯口前或后5 cm处从上向下锯下；待枝滑落后，再从皮脊外侧由上至下去除残桩（图5-18）。

剪锯口应涂抹伤口保护剂。涂抹时应从边缘向内均匀涂抹（图5-19）。

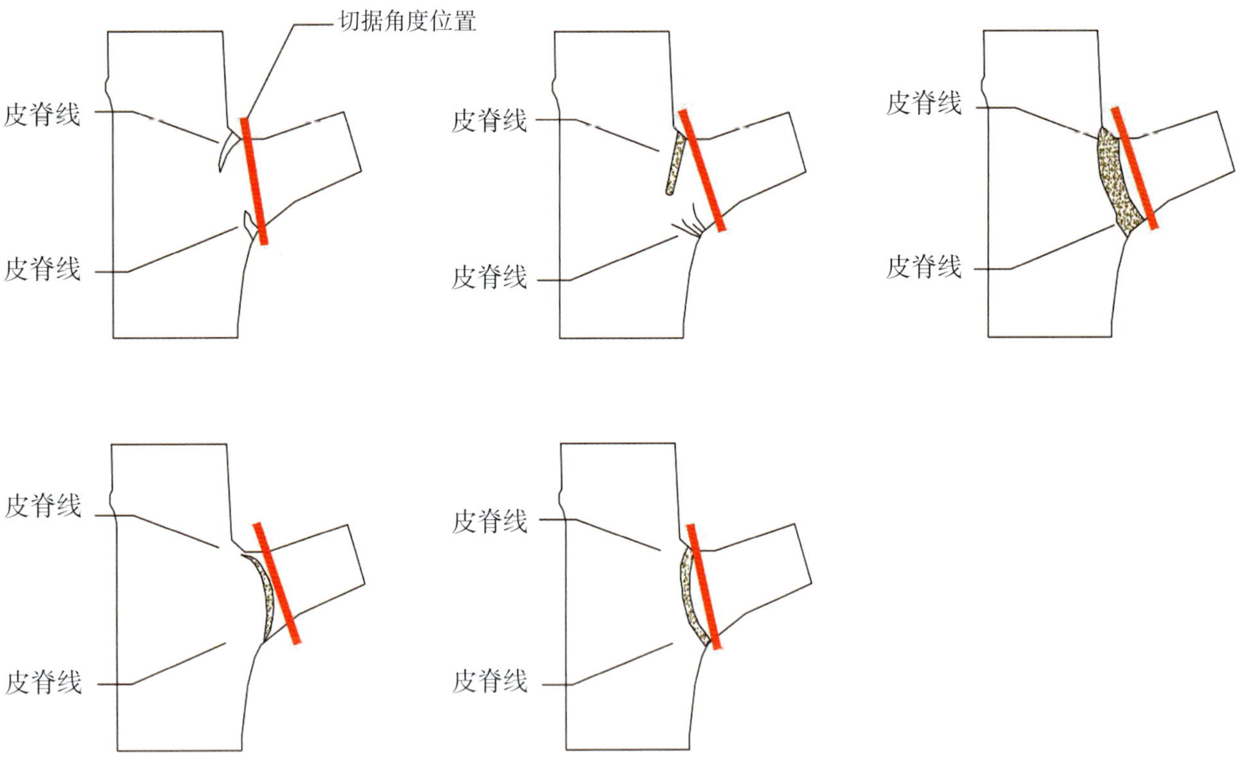

图5-17　不同皮脊线下锯示意图

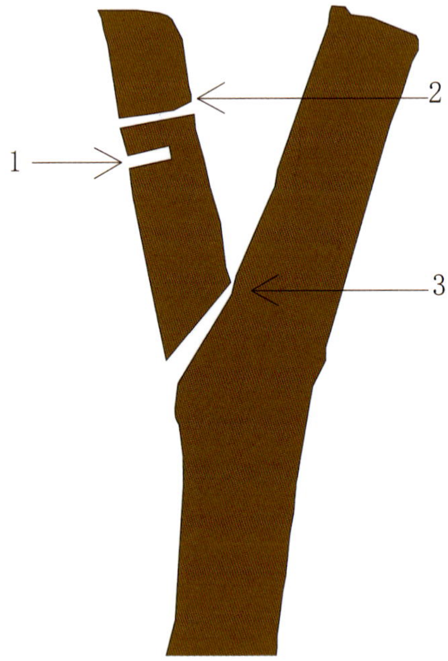

1.向地面锯口；2.背地面锯掉树枝；3.皮脊外侧去除残桩

图5-18　三锯法示意图

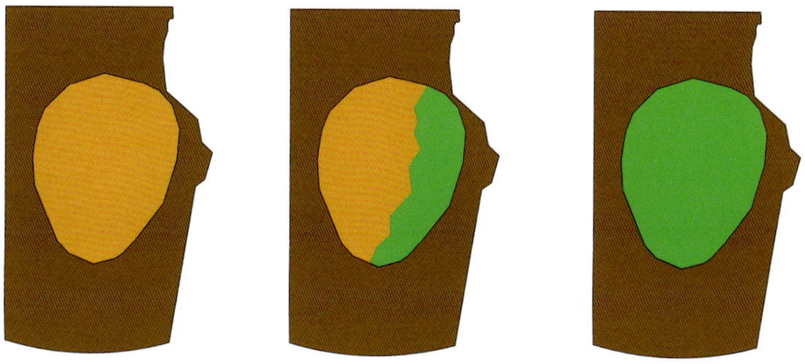

1　　　　2　　　　3

1.锯口光滑平整；2.从边缘处向内涂抹；3.愈合材料涂抹均匀

图5-19　正确涂抹伤口保护剂

5.4 古树名木树体仿真修复技术

古树名木树体仿真修复技术，作为现代文物保护与生态修复领域的创新实践，遵循《北京市古树名木保护管理条例》的指导原则，融合丰富的实操经验，对古树树体进行全面的健康诊断与评估，包括枝干空腐的位置、深度及腐朽程度等。同时，结合古树的历史、生态及美学价值，制定个性化的修复方案，旨在通过精细化的仿真修复技术手段，不仅激发古树自身的愈合潜能，提升其生长活力，还力求完美复刻古树的历史风貌，同时有效预防因树干空洞、腐朽等引发的风折、倒伏等灾害，从而显著延长其生命周期。

5.4.1 基本规定

树体仿真修复前，应根据其生长状况和生长环境从以下方面进行综合诊断分析：分析树木长势、周边环境现状、树洞的位置、大小、腐朽程度、病虫害发生情况等。结合现代精密检测仪器设备，如TRU树木雷达检测仪、应力波检测仪等，评估树干空腐状况，以修旧如旧、切实可行、不伤树体自身形态、减少生境破坏、最大保护为原则，制定仿真修复技术方案，方案经专家组论证同意后实施。

拆除原树洞水泥过程中应根据具体情况深化技术细节，以不存水、不造成二次伤害并消减树体水泥块为原则。易进水、存水的树洞如朝天式树洞（图5-20）、侧面式树洞（图5-21），应封堵洞口。敞开式（图5-22）、对穿式树洞（图5-23）不宜封堵；应做好导水和防腐处理。如破损部位小于树干粗度的1/3，则不宜封堵；破损部分大于树干粗度的1/3，需安装龙骨架、封堵、仿真、表层保护。不同修复时期，可对修复流程适当进行调整。拆除、清理、除虫、杀菌、消毒、防腐处理为修复前期基础工作，应确保各流程精细、完整。

图5-20　朝天式树洞

图5-21　侧面式树洞

图5-22　敞开式树洞

图5-23　对穿式树洞

5.4.2 作业条件

宜在雨季前后或休眠期的晴朗干燥天气进行。协调周边关系，确保安全，周边无杂物、垃圾，可满足搭设脚手架、升降车等。做好安全及技术措施交底，明确分工职责到位，特殊工种人员持证上岗，操作人员具备专业技术。修复前采取固定支撑措施，降低折枝风险。材料、设备应符合国家的安全、环保和质量标准。

5.4.3 操作工艺

5.4.3.1 朝天式树洞修复

工艺流程：拆除原有修补层→清理树洞→病虫害防治→防腐处理→安装土壤透气管→安装龙骨→封堵洞口表面→仿真→表层保护。

（1）拆除原有修补层

对原有修补层水泥、砖石、瓦块、聚氨酯等材料彻底清除，拆除中应根据树洞内具体实际情况而定。特别强调：对原修补层水泥与树体内部生长紧密融合处，需消减树体水泥块，不造成二次伤害，不伤害活树皮。

（2）清理树洞

人工清理树洞内垃圾，清除木质部内蛀虫、蛀虫虫卵等，刮除腐朽组织，直至露出健康组织，刮除光滑，保持洞内干燥。

（3）病虫害防治

虫害消杀：对洞内及洞边缘全面喷洒或涂抹杀虫药剂1遍，消除虫害隐患。

杀菌消毒：对洞内及洞边缘全面喷洒或涂抹杀菌药剂1~2遍，对洞内真菌、细菌等全面消杀，自然晾干。

（4）防腐处理

洞内及洞边缘人工均匀涂抹或喷洒防腐剂（熟桐油）2~3遍。自然晾干后，方可进行下一步工序。

（5）安装土壤透气管

根据树洞形状、大小、位置不同，下端设置直径2~3 cm土壤透气管，通气口处用钢丝网封闭（或翻盖），利于排水、通风、监测。

（6）安装龙骨

防腐：前期先给龙骨架应涂抹防腐剂。

制作龙骨架：洞内安装十字架交叉式支撑，利用钢丝固定衔接。

朝上洞口：随树体原形塑造，龙骨中心处偏高，四周呈弧度斜面，避免积水。用树脂胶粘贴固定、处理支撑点的衔接，确保材质圆滑不伤树体。

外挂钢网：龙骨架外层覆盖钢丝网、镀锌钢网等材料，利用钢丝固定衔接。

（7）封堵洞口表面

封堵：胶体应涂抹均匀，厚度2~3 cm，封堵面应低于洞壁边缘2~3 cm，胶体与钢网紧密黏合。

（8）仿真

仿真塑形：塑形顺序因树洞位置而异，结合树体形态，对原修补层利用钢丝网固定，涂抹胶体塑形泥，塑造仿真原古树枝干形态。

仿真裸露树干：利用人工雕刻、涂刷等技术，塑造自然形态裸露树木木质部纹路结构，打造修旧如旧。

仿真上色：结合原裸露树木木质部颜色，通过调色修复树体外层。基础色：涂抹或喷施1遍，上基础底色。逐步调色：逐依喷施3~4遍，根据树体的阴暗面及纹路，喷施呈深浅层次感，打造自然树体颜色。

洞口边缘处理：封缝时应在形成层下方切除木质部深和宽各为10~20 mm，洞口周边修成凹槽型，应在槽内涂柔性胶，使木质部与造型洞壁材料密封。

（9）表层保护

待仿真色自然晾干后，采用固化乳液喷涂1~2遍。

5.4.3.2 侧面式树洞修复

工艺流程：拆除原有修补层→清理树洞→病虫害防治→防腐处理→安装土壤透气管→安装龙骨→封堵洞口表面→仿真→表层保护（图5-24）。

侧面洞口：龙骨架弧度应与原树体弧度相称，不高于活体树皮，确保雨水自然流出。其他技术环节，包括拆除原有修补层、清理树洞、病虫害防治、防腐处理、安装土壤透气管、安装龙骨、封堵洞口表面、仿真、表层保护的操作工艺及技术要求，同朝天式树洞修复。

5.4.3.3 敞开式树洞修复

工艺流程：拆除原有修补层→清理树洞→病虫害防治→防腐处理→安装导水管。

拆除原有修补层、清理树洞、病虫害防治、防腐处理的操作工艺及技术要求同朝天式树洞修复。

安装导水管应根据树洞形状、大小、位置不同，必要时可在下端设置直径2~3 cm导水管。

5.4.3.4 对穿式树洞修复

对穿式树洞修复的操作工艺及技术要求同敞开式树洞修复。

5.4.4 质量标准

因树种生物学特性、树洞类型及大小，主要采取封闭式修复封堵、开放式修复两大类。修复流程有序、完整，稳固技术措施适当。安装龙骨及封堵层不得超出原木质部，保证形成层能愈合修复。仿真修复达到补干不补皮、修旧如旧、自然造型、色泽融为一体，表层保护应处理细致。

5.4.4.1 成品保护

合理安排工序流程，避免因工序不当，造成修复损坏。建立成品保护责任制及相关方案。安排专人定期监测、记录、排查安全隐患。树体修复后的成品保护期为期一年。

5.4.4.2 注意事项

遇雨雪、风力达4级（含）以上等极端天气禁止施工作业。应做到自查1~2次/年。树洞周边封缝处，发生开裂时应及时修补。检查通气、导水管是否存在堵塞，及时做好疏通。检查是否存在漏洞、留液、腐烂等现象，及时清理做好二次修补。

图5-24 侧面式树洞仿真修复示意图

5.5 古树名木树体支撑与加固技术

针对古树名木生长过程中存有树体倾斜、主干侧枝中空腐朽、树体轮廓缺失、树冠侧枝生长延伸过长等问题，通过树体支撑与加固技术，能够科学、合理、有效地消除安全隐患，使古树名木保持持续健康的生长状态。根据《北京市古树名木保护管理条例》的有关规定，结合古树名木保护复壮实践经验，介绍了古树名木支撑与加固的材料要求、操作工艺、质量标准、成品保护等内容。

5.5.1 普通硬支撑安装

5.5.1.1 材料要求

根据古树胸径大小，选择适当管径的钢管作为支撑主体材料。主干胸径＞1.5 m或主干倾斜角度＞45°的，应使用圆钢直径150 mm×厚度8 mm；主干支撑高度＞15 m或主枝支撑高度＞20 m的，应使用圆钢114 mm×5 mm（图5-25）。弧形托板、橡胶垫、螺丝、钢丝绳、防锈漆等附属材料应满足安全支撑要求。

5.5.1.2 操作工艺

（1）工艺流程

现场勘查→确定方案→基础预埋→脚手架搭建→尺寸测量→支撑制作→支撑组装→检查调整。

（2）现场勘察

根据项目特点，实地查看古树名木生长的场地地质条件、自然环境，与产权单位了解基本情况、拍摄现状影像资料并记录与古树名木相关的基础数据。

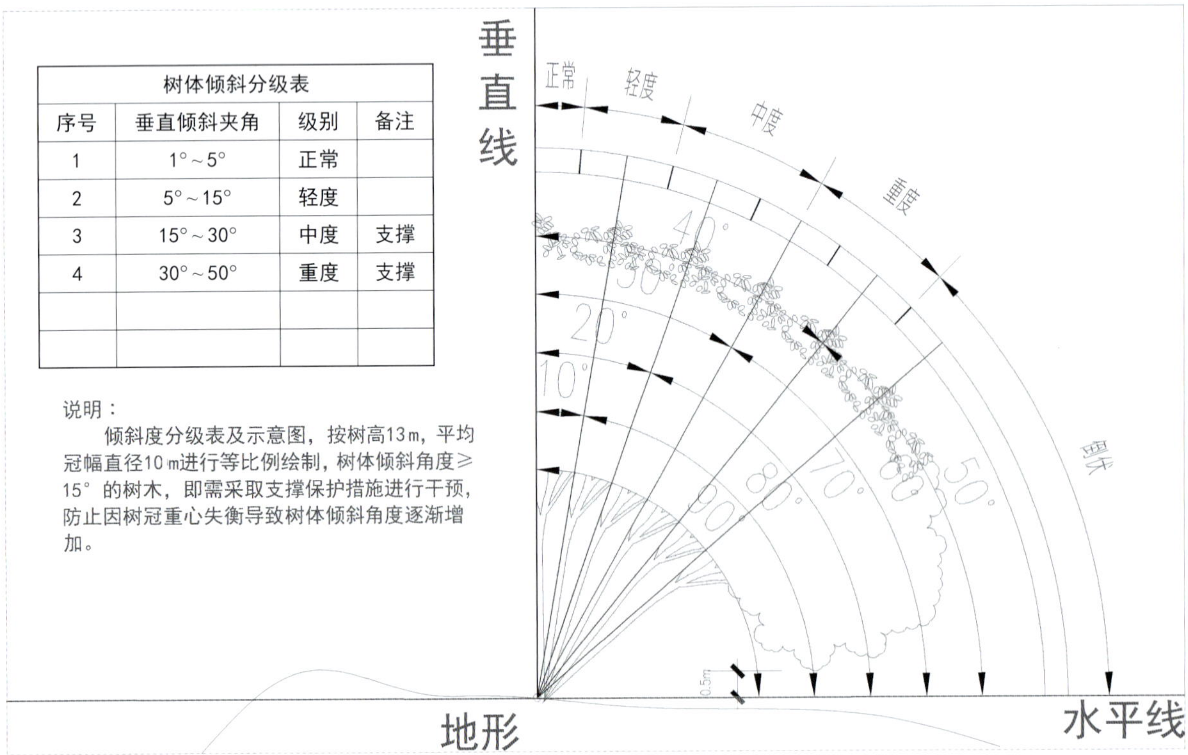

树体倾斜分级表

序号	垂直倾斜夹角	级别	备注
1	1°～5°	正常	
2	5°～15°	轻度	
3	15°～30°	中度	支撑
4	30°～50°	重度	支撑

图5-25　树体倾斜分级表及其示意图

（3）确定方案

支撑安装方案应经专家组及工程相关单位共同论证同意后方可实施。

（4）基础预埋

按照放线基础基坑定位点进行土方开挖，开挖基坑外观形状方正，尺寸符合设计要求，基坑底部土壤夯实，放入预制基础构件，使用水平仪调平顺直后，基础四周回填土壤并压实，浇水沉降，确保基础筑牢稳固。开挖基坑时，若碰到古树大根，应重新选中支撑点，防治对古树大根造成伤害。

（5）脚手架搭建

按支撑安装方向、角度搭设脚手架，脚手架的立柱应置于坚实的地基上，立柱钢管加垫座，用砼块或用坚实的厚木块垫好。脚手架的立柱要求垂直，立柱的垂直误差不得超过0.5%，钢管外径宜用51 mm，壁厚3~4 mm。脚手架上层如有通道，整体搭设完成后脚手架首层上方应按照通道长度搭设安全网。脚手架设置参照《扣件式和碗扣式钢管脚手架安全选用技术规程（DB 11/T 583）》技术要求执行。

（6）支撑的测量、制作及安装

测量被支撑枝干附着支点至地下支撑点的距离，制作支撑杆（图5-26）。根据测量尺寸，现场进行支撑杆、支撑弧形托板等配件的加工制作。支撑弧形托板与树体支撑点接触面要大，弧形托板宽度大于支柱材料直径2~4倍，长度为被支撑枝干直径的1/2（托住枝干直径的一半以上），防止受力面过小损伤树体（图5-27）。同时建议对弧形托板和橡胶垫打孔，防止积水造成树皮腐烂。

配件加工完成，首先安装顶部枝干部位支撑弧形托板，弧形托板调整好方向、角度后，使用绳索临时固定弧形托板；之后吊装支撑杆，支撑顶端连接件与弧形托板底部连接件对准拴接孔，使用螺丝进行连接固定，底部支撑杆与基础预埋板进行焊接加固。最后拆除弧形托板临时固定绳索。支撑弧形托板和树皮间应垫有弹性的橡胶垫，橡胶垫厚度10~20 mm，橡胶垫宽度超出支撑弧形托板1~2 cm，安装时用强力结构胶把弧形托板与橡胶垫黏合，防止脱落损伤枝干。支撑基础强度和埋深应符合设计要求，设计无明确要求的应遵循下列规定：高度在10 m以下的支撑，其单柱混凝土基础尺寸不小于400 mm × 400 mm × 500 mm；高度在15 m以下的支撑，其单柱混凝土基础尺寸不小于500 mm × 500 mm × 500 mm；高度在15 m以上的支撑，其单柱混凝土基础尺寸不小于600 mm × 600 mm × 600 mm。山体斜坡区域古树应采用卸力柱支撑（图5-28）。

5.5.2 艺术支撑安装

5.5.2.1 材料要求

钢管支撑和喷涂材料的选择和质量应符合国家标准要求。

5.5.2.2 操作工艺

（1）工艺流程

基础预埋→脚手架搭建→尺寸测量→支撑制作→支撑组装→龙骨安装→艺术雕塑。

基础预埋，脚手架搭建，支撑的测量、制作及安装的技术要求同普通硬支撑安装。

（2）龙骨安装

支撑安装完成后，表面使用圆钢根据需求焊接制作艺术造型龙骨钢网，表面满铺孔距2~5 mm不锈钢网。

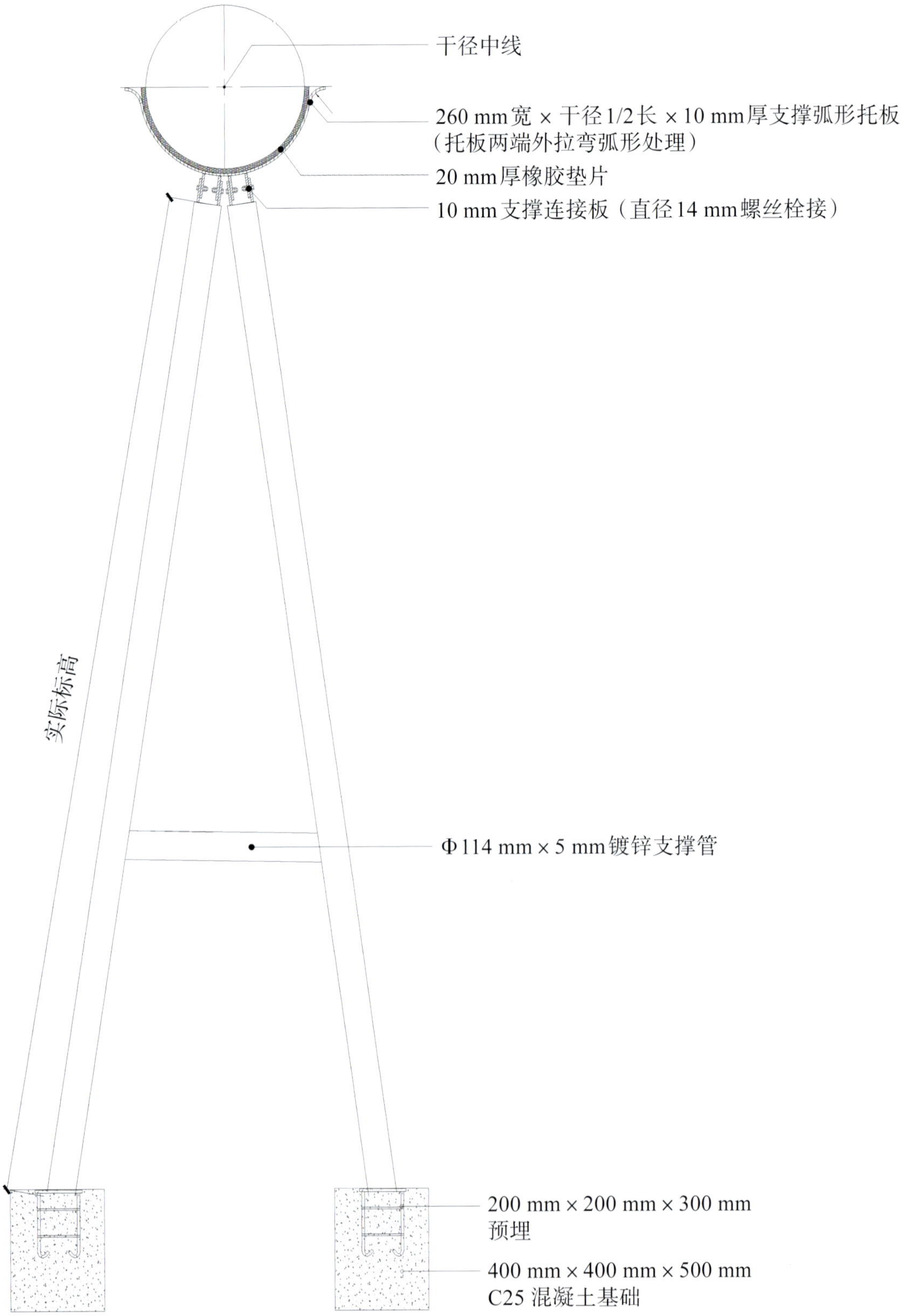

图5-26 “A”字形支撑示意图

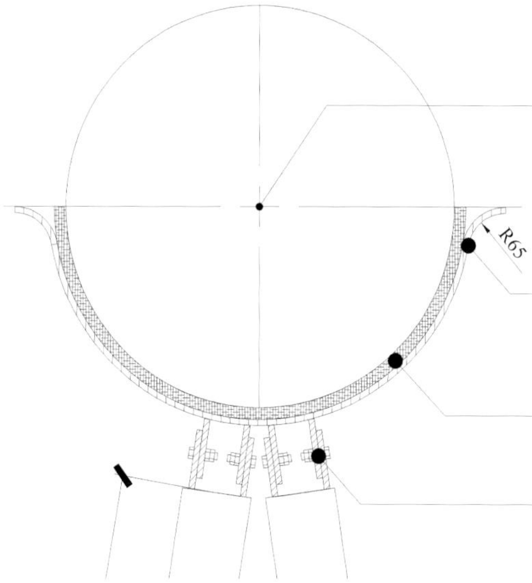

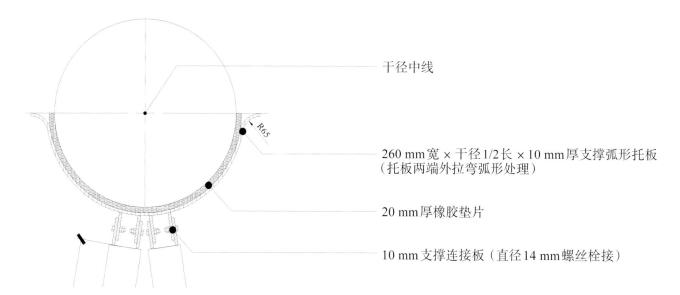

图5-27　支撑托板做法详图

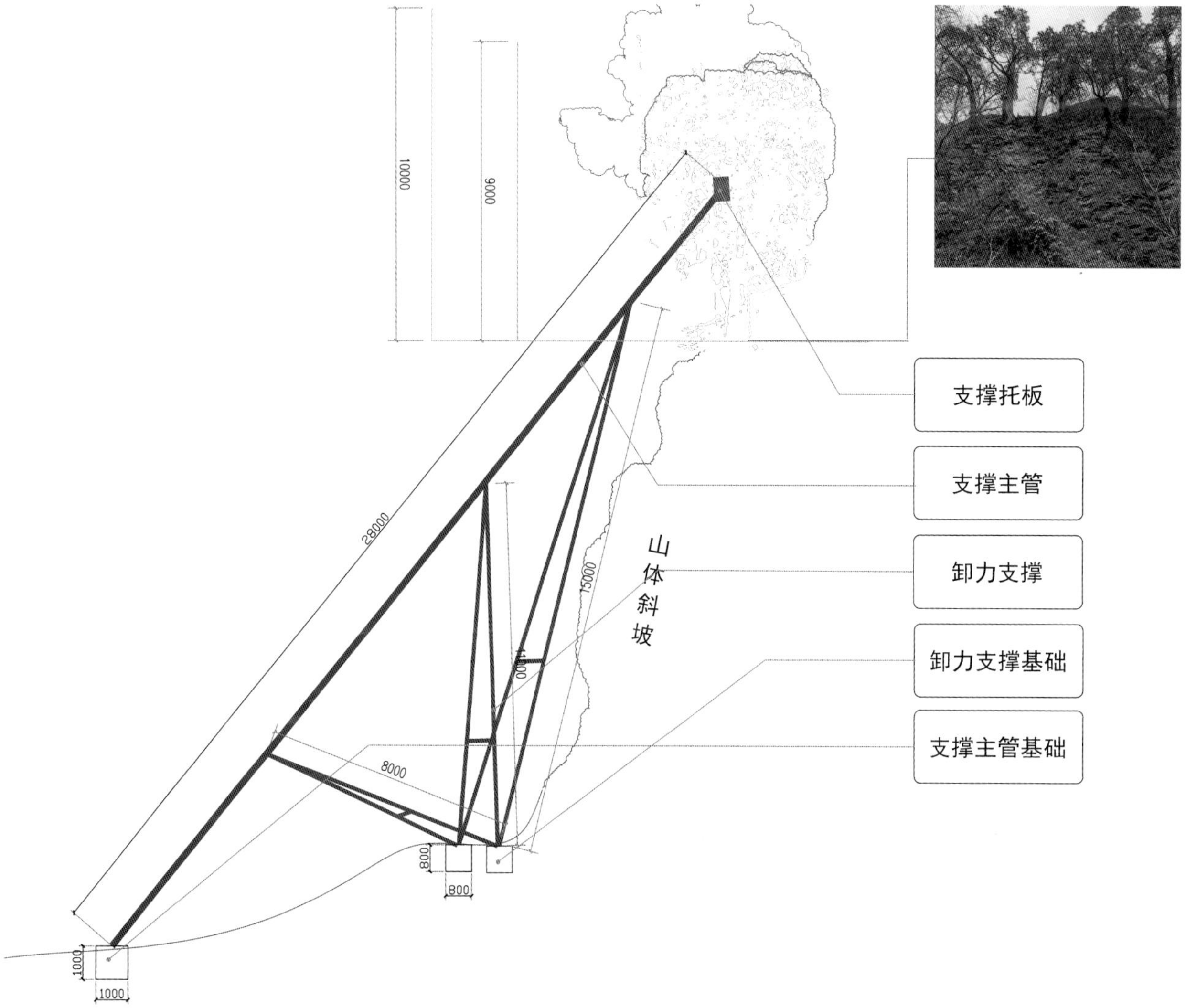

图5-28　卸力柱支撑示意图

（3）艺术雕塑

使用高密度复合材料对钢网表面喷涂两遍，形成造型轮廓，材料凝固后，表面根据需求进行艺术纹理雕塑，雕塑完成后进行表面除尘清理，喷涂复合防水材料，使用专用着色材料进行艺术上色处理（图5-29）。

5.5.3 拉纤安装

5.5.3.1 材料要求

钢管（硬拉纤）、钢丝绳（软拉纤）、钢板（牵引抱箍）、“U”形卡扣、螺栓、螺母、紧线器、弹簧、橡胶垫、防锈漆等，应选用应满足园林规范拉纤及牵引抱箍要求的材料。

拉纤使用材料荷载应符合相关规范及设计要求，硬拉纤使用管材壁厚不低于3 mm，软拉纤使用的钢丝绳直径不低于8 mm；拉纤使用调节抱箍，材料厚度不应低于5 mm（图5-30）。

图5-29　艺术支撑应用实际效果

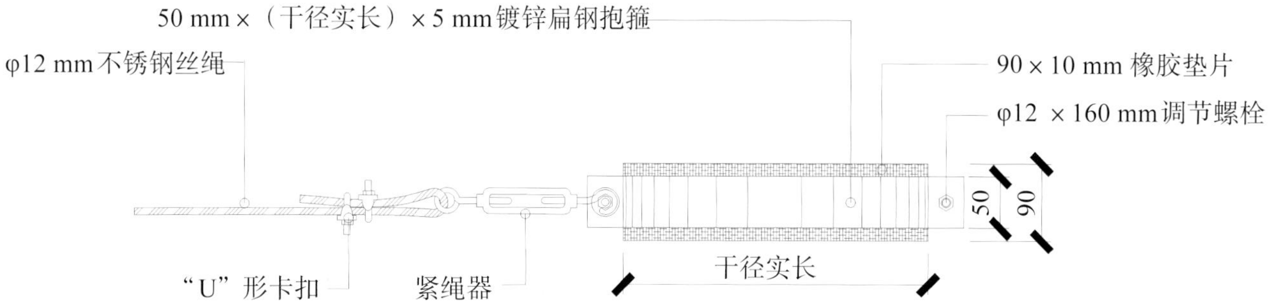

图5-30　拉纤结构做法示意图

5.5.3.2 操作工艺

工艺流程：脚手架搭建→尺寸测量→牵引抱箍安装→拉纤连接。

脚手架搭建按普通硬支撑安装技术要求执行。脚手架搭设完成后，测量被牵引或加固枝干部位的直径及拉纤纤绳（钢管）的长度尺寸。选择被拉纤枝条牵引点安装牵引抱箍，另一端选择受力主枝安装。牵引抱箍与树皮间加橡胶垫做保护，抱箍和橡胶垫均要打孔。

软拉纤钢丝绳根据测量尺寸进行切割，钢丝绳首先由顶端调节抱箍的连接件穿入，使用"U"形卡扣紧固，底端使用钢丝绳紧绳器调节至最大调节范围后与调节抱箍连接件进行连接，用钢丝绳另一端穿入紧绳器穿绳孔中，最大程度拉紧后使用"U"形卡扣紧固，再通过紧绳器进行拉纤的松紧度调节。

硬拉纤钢管根据测量尺寸进行切割，两端焊接连接件，使用螺丝与抱箍连接件进行连接。

5.5.4 抱箍安装

5.5.4.1 材料要求

钢板（主干抱箍）、螺栓、螺母、橡胶垫、防锈漆等，材料应选用可满足主干抱箍安全要求的材料。主干抱箍使用材料荷载应符合园林相关规范及设计要求，使用钢板宽度不低于80 mm，材料厚度不应低于8 mm（图5-31）。

5.5.4.2 操作工艺

工艺流程：脚手架搭建→尺寸测量→主干抱箍安装→螺栓调节。

脚手架搭建按普通硬支撑安装技术要求执行。脚手架搭设完成后，测量被加固主干部位的周长尺寸。在树体劈裂处安装调节抱箍抱固主干，应每间隔80~100 cm安装一套。主干抱箍与树皮间应加橡胶垫作为防护。主干抱箍固定后通过对向螺栓与螺母的松紧程度，调节主干抱箍与树体的紧实度，达到保护效果（图5-32）。

5.5.5 质量标准

选用材料的规格应满足被支撑与加固树体枝干载荷，材料质量应合格。支撑与加固质量、加固形式、图案、色彩应符合相关标准及设计要求。安装前做好防腐防锈措施。树体支撑与加固结构与树体接触部位应设有保护垫层，螺栓连接部件应紧实牢固。支撑安装完成应确保基础牢固，支撑柱不应摇晃摆动。施工现场建筑物、文物充分做好保护，避免砸伤损坏。

5.5.6 成品保护

运入现场树体支撑与加固部件及材料在指定地点存放，施工过程中应轻拿轻放，避免磕碰、损伤漆面。不得在安装完成的支撑上倚靠摇晃、挂放杂物或借助支撑结构搭设施工脚手架。施工现场建筑物、文物充分做好保护，避免疏忽砸伤损坏。

5.5.7 注意事项

风力达4级（含）以上或有雷雨天气时应停止施工作业。现场交叉作业时，安装完成支撑表面应覆盖防护膜，避免污染。特种作业人员经技能及安全培训、考核合格后，方可持证上岗作业。保护工作完成后，应与古树名木管护单位做好保护措施安装记录的交底，做好古树名木支撑、抱箍等抱固类保护措施定期巡检、维护的交接工作。树木抱箍每2~3年应松放一次，以防抱箍过紧。螺栓每4~5年更换一次，确保螺栓有足够的松放空间，不损伤古树。

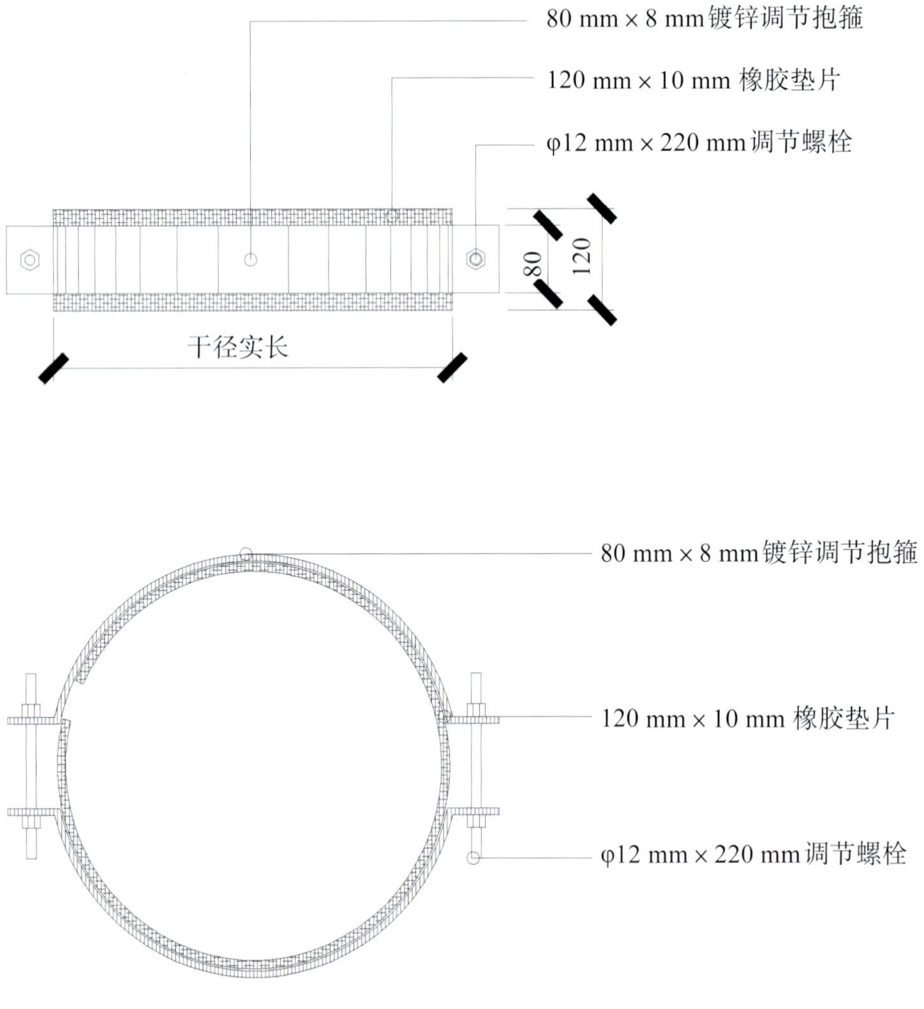

图5-31　硬拉纤及抱箍加固应用效果

图5-32 硬拉纤及抱箍加固应用效果

5.6 古树名木围栏安装与维护技术

古树名木围栏安装与维护技术是确保古树名木得到有效保护的关键措施。结合古树名木保护复壮实践经验，下文介绍了镀锌管、不锈钢材质为主材古树名木围栏安装与维护的材料要求、操作工艺等各个环节的技术要求。该技术不仅涉及围栏的专业安装，还包括长期的维护与保养，旨在减少对古树名木生存环境的负面扰动，有效减少人为活动对古树名木生存环境的干扰，防止土壤板结、根系裸露等问题，为古树名木提供一个更加稳定和安全的生长环境。

5.6.1 基本要求

因历史原因造成保护范围和空间不足树冠投影之外5 m的古树名木，应在城市建设和改造中予以调整完善，保护修复古树名木及其自然生境。围栏保护方案应经园林专家组及工程相关单位共同论证同意后方可实施。

选用材料的规格应符合围栏保护功能要求，材料质量应合格。施工工艺应符合相关工程技术标准，具有一定防意外碰撞措施，安全可靠。围栏材料应经过防腐蚀保护处理，颜色及样式与古树名木实际生长环境相协调。

施工前，应做好施工技术交底。围栏的安装应符合以下规定：对根系裸露、枝干易受伤或者人为活动频繁的古树名木可设置围栏，标准围栏高度不小于1.2 m，保护范围在树冠投影外延5 m以外为宜（图5-33、图5-34）；如周边有构筑物等因素限制，围栏与树干的距离不宜小于3 m（图5-35、图5-36）；特殊立地条件无法达到3 m的，以成年人摸不到树干为最低要求（图5-37、图5-38）。无法达到以上要求的宜设置高度大于1.6 m的网状围栏。

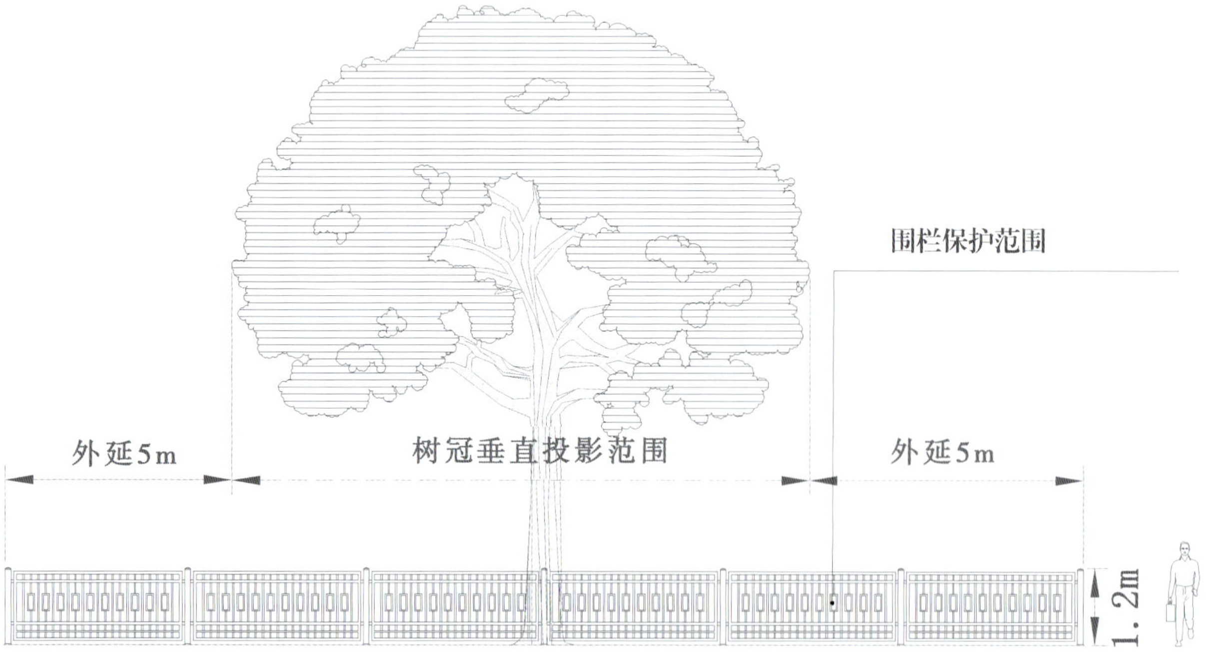

图5-33　外延5 m围栏保护立面示意图

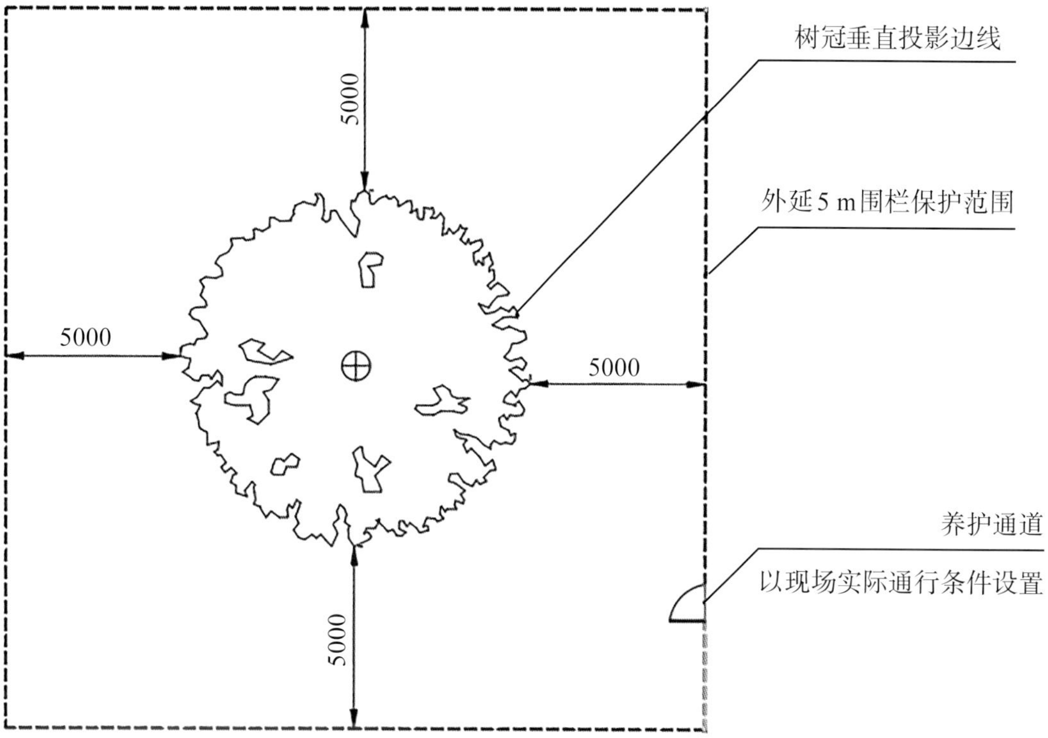

图5-34 外延5 m围栏保护平面示意图

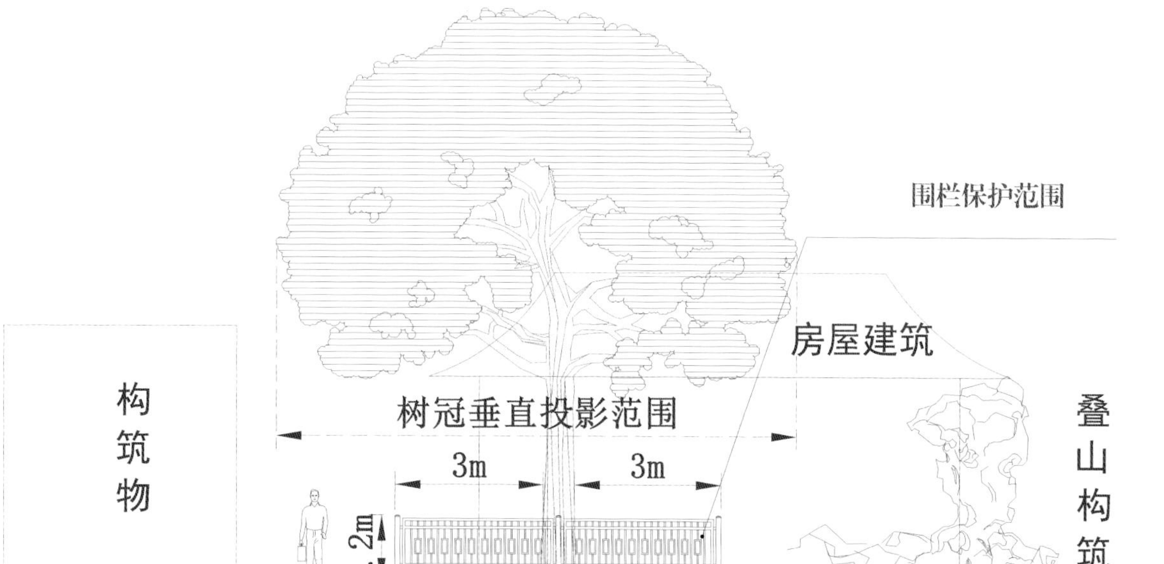

图5-35 外延3 m围栏保护立面示意图

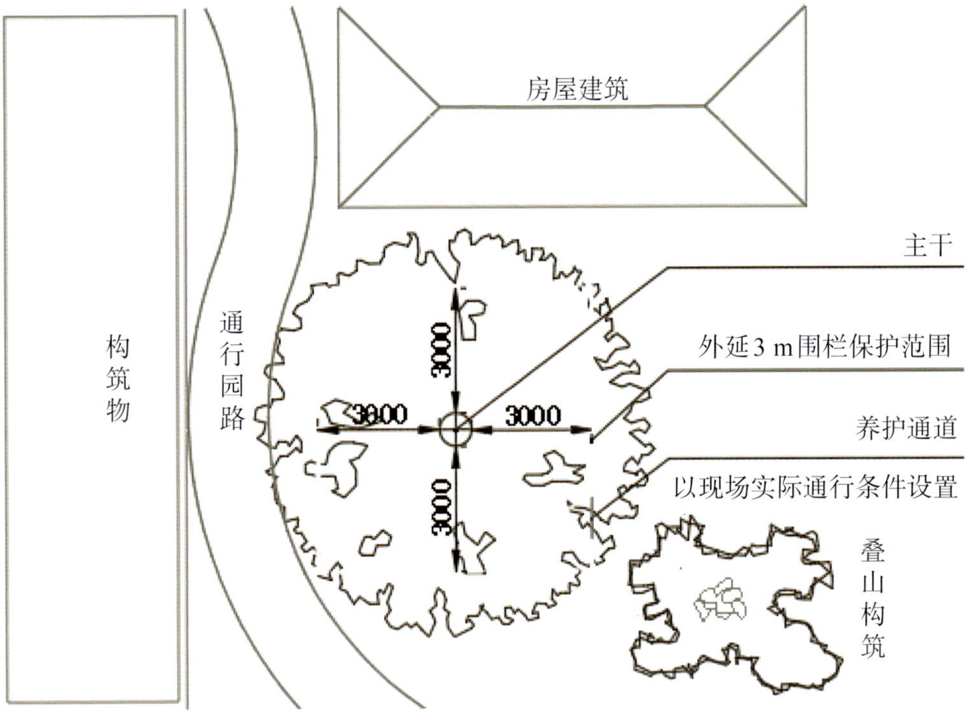

图5-36　外延3 m围栏保护平面示意图

注：现场最大保护范围为优先方案，周边环境空间有限的，以树干外延3 m为基本要求。

图5-37　外延0.5 m围栏保护立面示意图

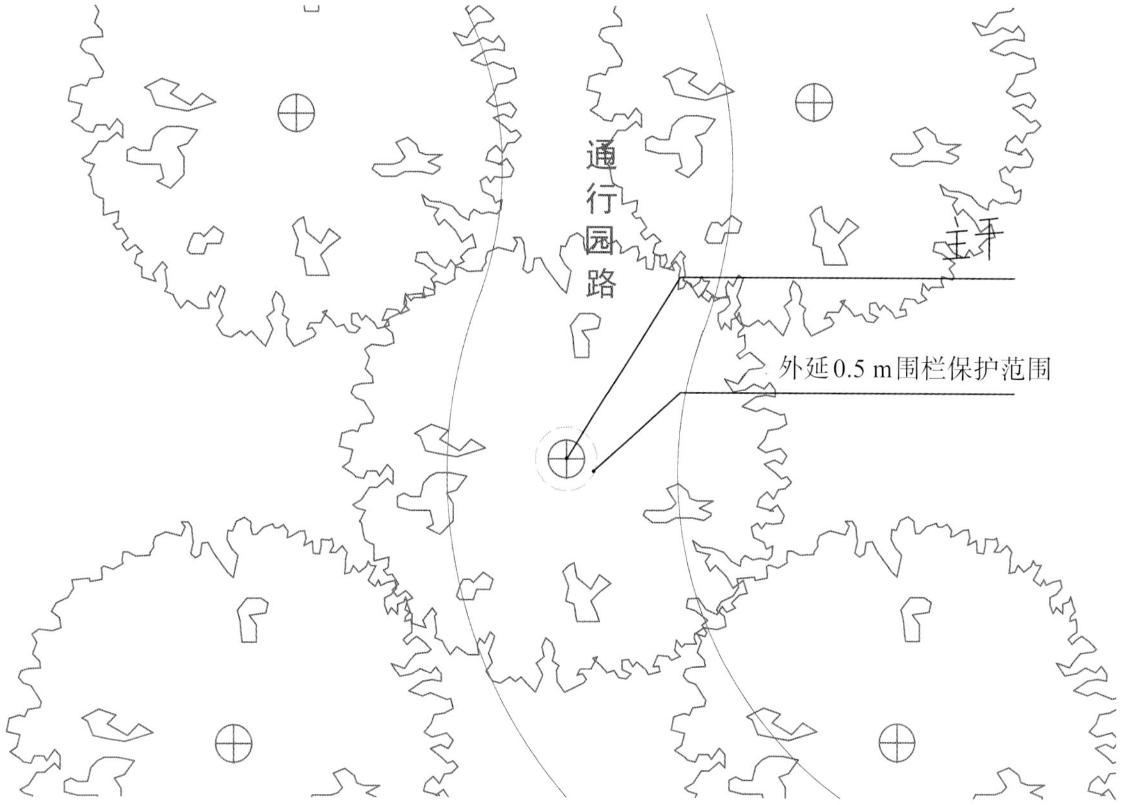

图5-38 外延0.5 m围栏保护平面示意图

注：以现场最大保护范围为优先方案，周边环境空间有限的，以树干外延0.5 m为基本要求（围栏高度约1.6 m），距树干2 m范围内的围栏保护结构，减小地下混凝土基础规格或不设混凝土基础，使用锚栓及其他方式固定围栏保护结构。

方案制定前应进行现场踏勘，确定施工现场地上地下环境影响围栏安装的各种基础条件；如有根系裸露、水土流失情况，围栏安装前应在基部砌筑适当高度的挡土墙，挡土墙地下基础砌筑不可损伤和影响地下根系正常生长。

5.6.2 材料要求

制作围栏所使用钢管材质应选用抗腐蚀性较强的镀锌管材或不锈钢管材为主。方钢围栏立柱：管材规格不小于80 mm × 80 mm × 3 mm，围栏横撑主管使用的管材规格不小于40 mm × 40 mm × 2 mm，格栅使用的材料不小于2 mm。圆钢围栏立柱：管材规格不小于直径80 m × 3 mm，围栏横撑主管使用的管材规格不小于直径40 mm × 2 mm，格栅使用的材料不小于2 mm。其他螺丝、防锈漆、预制基础构件等辅材，应选用具备一定防腐性能、可满足保护功能及要求的材料。

5.6.3 操作工艺

5.6.3.1 工艺流程

定位放线→基础预埋→安装连接围栏→检查修复。

5.6.3.2 定位放线

根据设计图纸或方案要求的围栏保护范围，以树干为中心测量围栏保护边线尺寸，沿测量边线尺寸按照平行原则进行围栏保护范围放线。应确保围栏放线范围整体方正，树木居中，同时根据围栏立柱间距标注基坑点位。

5.6.3.3 基础预埋

按照放线基础基坑定位点进行土方开挖，开挖基坑外观形状方正，尺寸符合设计要求，基坑底部土壤夯实，放入预制基础构件，使用水平仪调平顺直后，基础四周回填土壤并压实，浇水沉降，确保基础筑牢稳固。

5.6.3.4 安装连接围栏

按设计尺寸对进场围栏按顺序摆放，进行组装，对围栏立柱与基础预埋板连接部位焊口进行点焊定位固定，围栏板与立柱连接部位使用螺丝拴接紧固，围栏整体水平垂直调整完成后，立柱与预埋板焊口满焊加固，焊口清渣后涂刷防锈漆，回土整平。

5.6.3.5 检查修复

随时检查修补，对围栏表面漆面磕碰、划伤进行漆面修补，确保围栏外观整洁美观。

5.6.4 质量标准

人工开挖基础土方时应注意保护古树名木地下根系，避免影响古树名木正常生长。围栏应设置基础，基础强度和埋深应符合设计要求，设计无明确要求的应遵循下列规定：高度在1.2 m以下的护栏，其混凝土基础尺寸不小于300 mm × 300 mm × 300 mm；高度在1.2 m以上的护栏，其混凝土基础尺寸不小于400 mm × 400 mm × 400 mm。围栏高度、形式、图案、色彩应符合设计要求。栏杆空隙应符合设计要求，设计未提出明确要求的，宜为15 cm以下。

绿地围栏基础采用的混凝土强度等级不应低于C20。现场加工的金属护栏部位应作防锈处理。金属栏杆的焊接应符合相关规范的要求，围栏之间、立柱与基础之间的连接应紧实牢固。围栏安装完成整体应垂直、平顺、基础牢固，不摇晃摆动。

5.6.5 成品保护

运入现场成品围栏在指定地点存放，施工过程中轻拿轻放，避免磕碰、损伤漆面。围栏安装完成后，清洁护栏表面，修复划痕，确保表面光滑清洁，确保美观。

5.6.6 注意事项

风力达4级（含）以上，或有雷雨天气时应停止施工作业。特种作业人员经技能及安全培训、考核合格后，方可持证上岗作业。交叉作业时，护栏应覆盖防护膜，避免污染。不得在安装完成的围栏上靠倚靠、挂放杂物。

5.7 古树名木立地环境综合改良技术

随着城市化进程的加速和环境的持续变迁，古树名木的立地环境正面临着一系列严峻挑战，包括林木间的空间竞争生长、土壤退化、水土流失以及土壤污染等问题。这些因素直接对古树名木的健康与生存构成了威胁。因此，进行古树名木立地环境的综合改良显得尤为迫切和重要。通过实施地上与地下环境两方面的综合改良措施，如整治植被结构、改造硬质铺装、加强边坡防护、开设复壮沟和复壮穴、打孔透气以及优化排水系统等，有效提升古树名木的生长环境，增强其抗逆能力，从而延长其生命周期。同时，立地环境的改良还将有助于促进古树名木周边生态系统的平衡与发展，进一步提升整体生态环境的质量。

5.7.1 基本要求

坡地古树环境改良后应达到地面根系无裸露。古树主干无明显被埋干现象。古树名木保护范围内的地上、地下无任何永久或临时性的建筑物、构筑物以及道路、管网等设施，无动用明火，排放废水、废气，堆放、倾倒杂物、有毒有害物品等。土壤被污染时，应根据污染物不同采取相应措施加以改造，清除污染源。

根据古树名木不同品种、不同生长势、不同生长环境采取相对应的环境改良措施。古树名木周围清理杂灌时所用割灌机、剪草机的刀片等应保持锋利，作业前后应及时消毒、杀菌；靠近古树名木主干1 m范围内须人工清除。选用的环境改良材料应对树体、根系无损伤，确保环保无害、安全稳定。不应使用未经腐熟的有机肥料和超量的化学肥料。古树名木立地环境综合改良措施完成后，跟踪观察复壮效果，其效益应至少维持3年。

5.7.2 地上环境改良

5.7.2.1 清除地上杂物

清除古树周围的水泥块、垃圾等，遇大型障碍如墙体、临时建筑、棚舍等，应与相关单位进行协商沟通，征得同意后再进行清除工作。清除完成后平整场地，做到排水通畅。清理现场垃圾，做到场光地净。

5.7.2.2 植被结构整治

适当整理古树周边影响光照的枝条，影响较大的杂乔需向区园林绿化部门报备并通过后进行伐除。清除影响古树正常生长的杂灌，清除后恢复场地。清除古树树干及枝冠上影响古树正常生长的藤本植物，清除时注意不要损伤树干、枝条等。

5.7.2.3 硬质铺装改造

在实施古树复壮工作时，若遇到硬质铺装等情况时，应进行改造，改良古树生长环境。主要改造措施有透水铺装（图5-39）、搭设防腐木铺装（图5-40）。

（1）透水铺装

工艺流程：查明现场情况→清理场地→测量放线→整理地形→沙子衬垫→铺设透水砖。

铺设透水铺装时，以倒梯形透水砖和通气透水效果好的砖为宜，透水砖的尺寸一般为100 mm × 200 mm × 50 mm，可根据场地实际情况进行调整。铺砖时应首先平整地形，注重排水，熟土上加砂垫层，砂垫层上铺设透气砖，砖缝用细砂填满，不得用水泥、石灰勾缝。

（2）防腐木铺装

工艺流程：测量放线→整理地形→通气透水管→架设龙骨→铺设防腐木平台。

在周边环境允许的情况下，可优先选择采用防腐木铺装进行环境改良，龙骨宽一般为10~15 cm，高8~10 cm，长度根据场地情况而定。防腐木平台一般宽10~15 cm，厚5 cm，长度根据场地情况而定。防腐木平台下置入通气透水管。

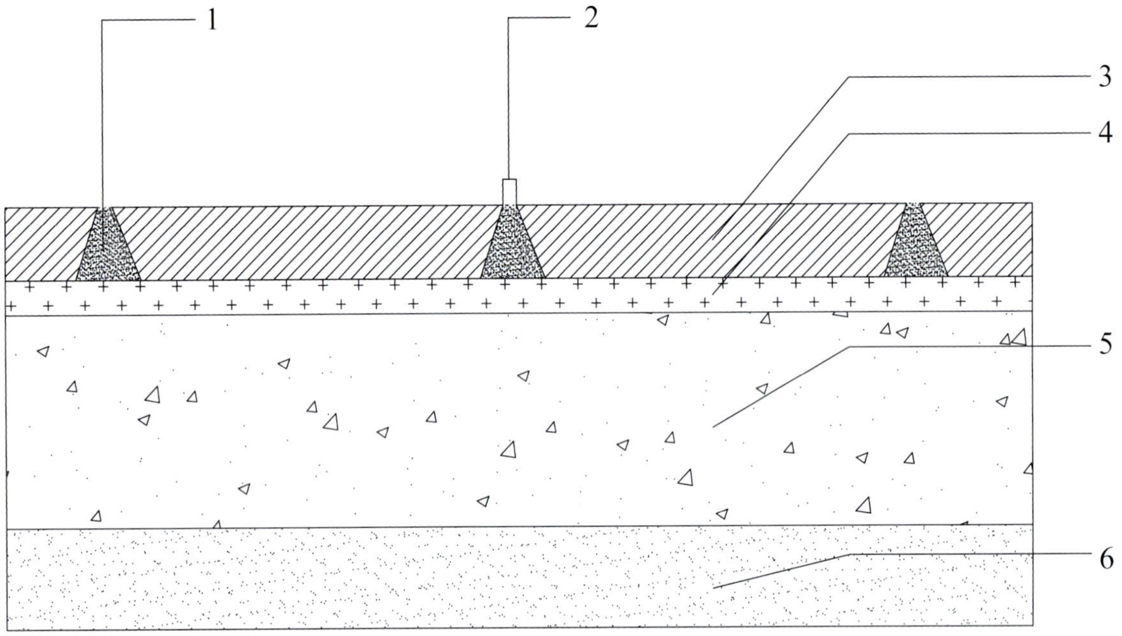

1.细沙填满；2.面砖间距；3.倒梯形面砖；4.结合层；5.透水垫层；6.种植土层

图5-39　透水铺装示意图

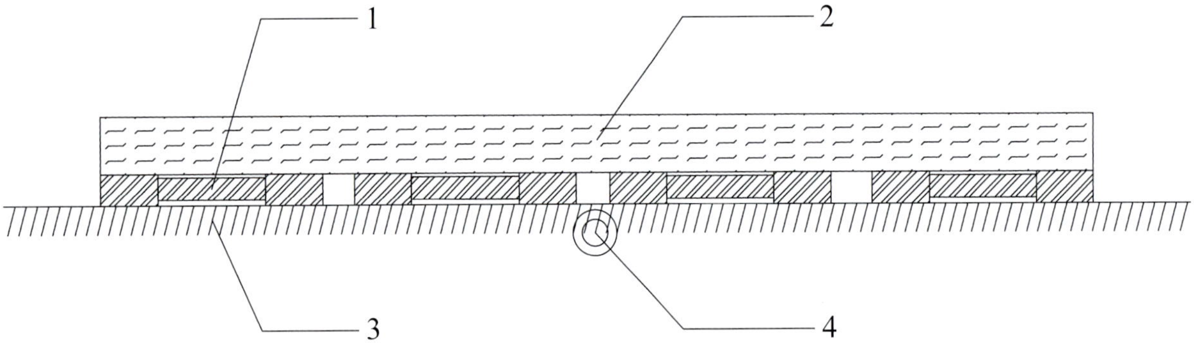

1.龙骨；2.防腐木平台；3.地下部分；4.土壤透气管

图5-40　防腐木铺装示意图

5.7.2.4 边坡防护

工艺流程：耙平→掺拌底肥→铺设植生袋→覆土碾压→场地清理。

部分生长在边坡上的古树名木，经过多年来的风吹雨淋，水土流失情况较为严重，可采取铺设植生带的方式进行边坡防护（图5-41）。其特点为环境条件要求较低，易于操作。植生带铺在坡面上，边缘交接处要重叠1~2 cm，在植生带上均匀覆土，厚度以不露出种子袋为宜，一般在2~5 mm。

5.7.3 地下环境改良

5.7.3.1 土壤检测

在实施地下环境改良前，应对古树名木树冠投影范围下的土壤进行检测，如图5-42（左）所示，根据一树一方案技术要求进行取样（分层或混合），如图5-42（右）所示，再结合古树土壤改良指标（表5-1），与古树长势情况选择相应的地下环境复壮措施。

5.7.3.2 土壤改良

通过对土壤的检测及结果分析，对土壤中矿物质含量及有机物等进行改良，使之达到古树名木正常生长所需标准。古树土壤改良以表层土壤为主，在不伤及根系的情况下翻地表土，一般为15~20 cm，并根据土壤状况和树木特性添加古树土壤改良基质和营养颗粒。

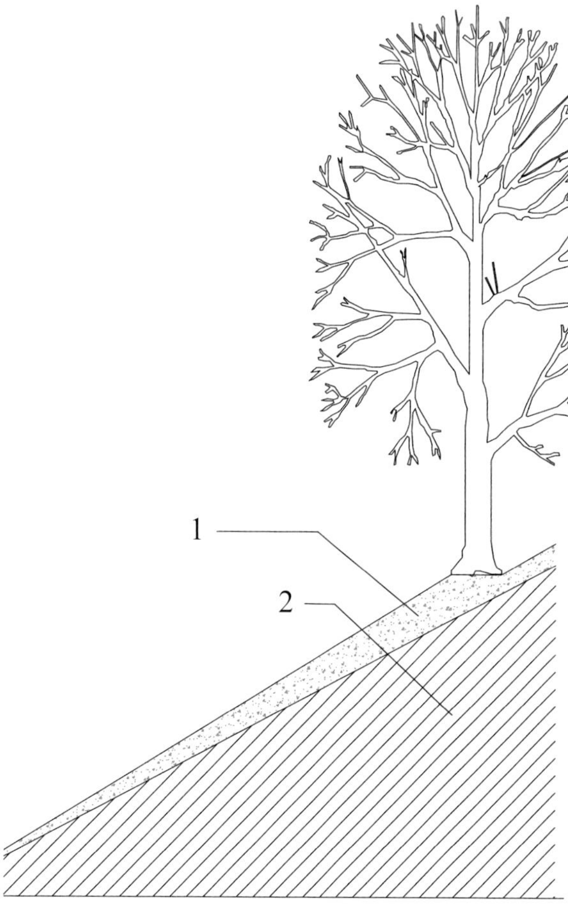

1. 植生带；2. 自然边坡

图5-41 铺设植生带

图5-42　土壤检测（左）与土壤取样（右）

表5-1　古树土壤改良指标

序号	主控指标		技术要求
1	质地		壤土类（包括砂壤土、轻壤土、中壤土、重壤土等）
2	容重(g/cm^3)		≤1.35
3	石砾含量（质量百分比%）		≤20%
4	有机质(g/kg)		15~80
5	pH值		6.0~8.5（2.5：1水土比）
6	土壤含盐量	EC (mS/cm)；适用于一般绿地	≤0.5（5：1水土比）
		质量法(g/kg)；适用于融雪剂污染土、盐碱土	≤2（5：1水土比）
7	水解性氮（N）(mg/kg)		90~200
8	有效磷（P）(mg/kg)		10~60
9	速效钾（K）(mg/kg)		100~300
10	融雪剂污染（mg/kg）（5：1水土比）	水溶性钠	≤100
		氯离子	≤100

（1）复壮沟

一般在古树名木周边环境允许的情况下，优先选择设置复壮沟的措施进行复壮（图5-43）。复壮沟位置设在树冠垂直投影的外侧（图5-44），以深80~100 cm、宽60~80 cm为宜，长度和形状因环境而定，常用弧状或放射状，复壮沟的数量根据古树实际情况及生长环境而定。复壮沟开挖应选择在树木根系范围以内，开挖时注意根系保护。

（2）复壮穴

根据周边情况选择复壮穴时，可根据土壤状况和树木特性添加古树土壤改良基质和营养颗粒，补充营养元素。古树土壤改良基质主要采用粉碎后发酵充分的树枝、树叶混合而成，再掺加适量含氮、磷、铁、锌等矿质营养元素的古树营养颗粒。复壮穴规格一般为0.6 m × 0.6 m × 0.8 m，如图5-45所示。

（3）复壮井

复壮井规格和大小可根据实际情况进行调整，一般以直径60~100 cm，深1~1.2 m为宜，如图5-46所示。用透气透水性能良好的砖逐层圆形码放，确保稳固，砖之间不用水泥勾缝，每层砖应在360°范围内均匀间隔设3处大于10 cm的间隔孔洞，地面安装合适大小的井盖，如图5-47所示。

5.7.3.3 打孔通气

为促进古树根部的生长，或在不适宜进行硬化铺装改造时可采取打孔通气的措施来增强古树根部土壤的透气性、透水性和营养吸收（图5-48左）。在古树周边存在树池或土壤板结、硬化铺装地面等情况下辅助施用打孔通气，打孔位置在树冠投影外边缘上（图5-48右）。人工或水钻打孔将竹筒透气管截成所需的长度，用无纺布包裹一层，管口上端用带孔盖封堵。

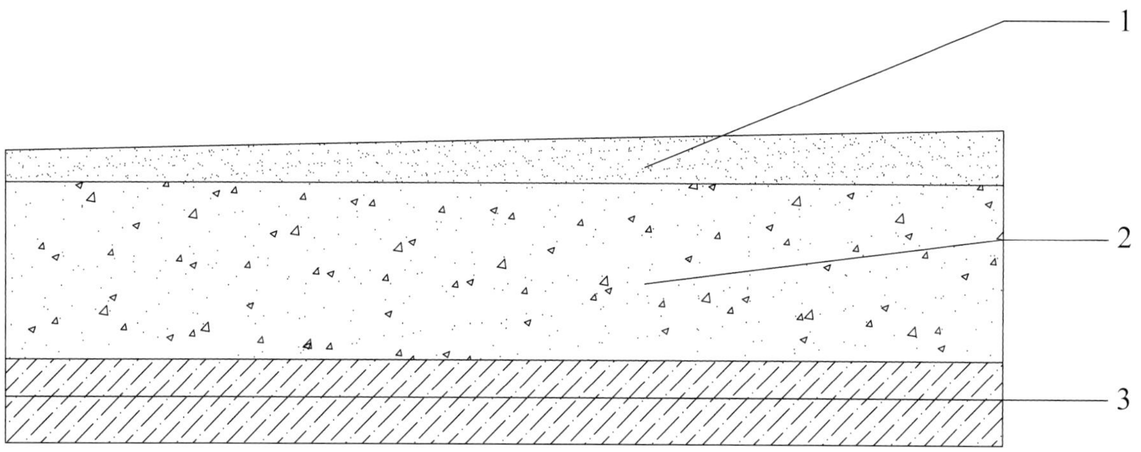

1.种植土；有机肥料；2.复壮基质；3.种植土层

图5-43　复壮沟示意图

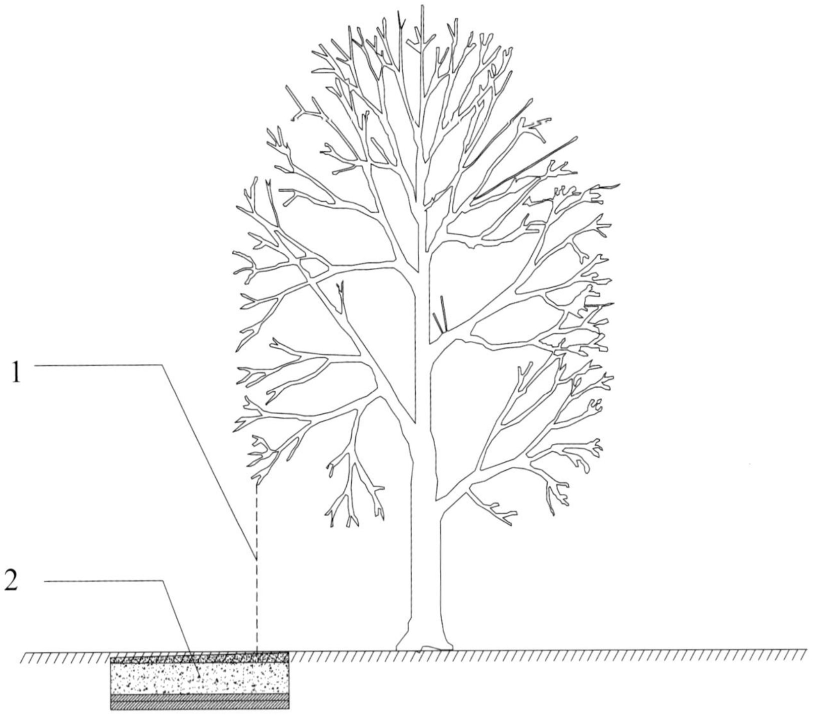

1. 树冠投影外边缘；2. 复壮沟

图5-44　复壮沟位置示意图

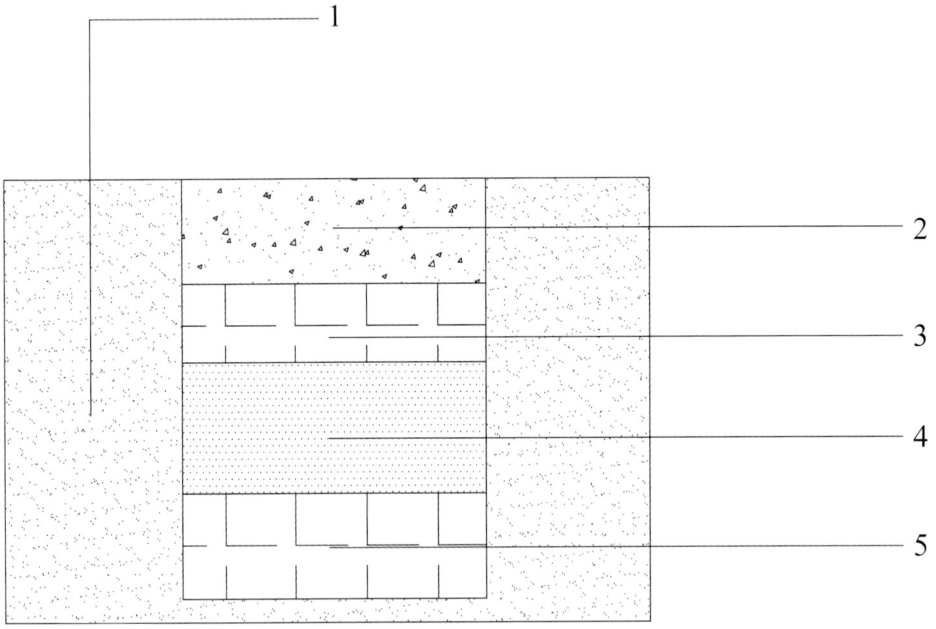

1. 原土层；2. 古树改良基质与种植土；3. 通气陶粒；4. 土壤改良基质；5. 通气陶粒

图5-45　复壮穴结构示意图

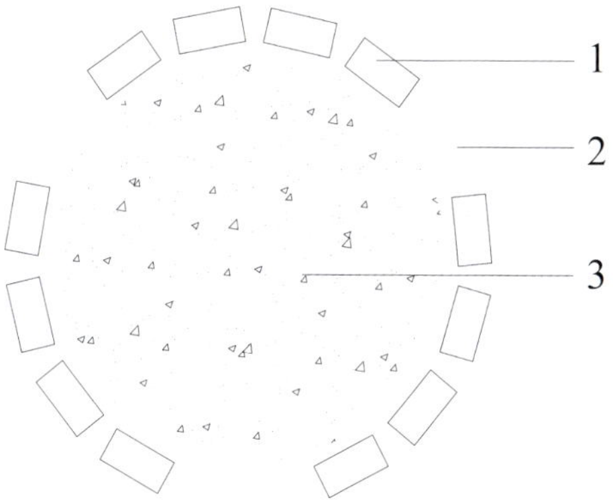

1.方砖、错缝垒砌；2.间隔10 cm；3.土壤改良基质、种植土

图5-46 复壮井平面图

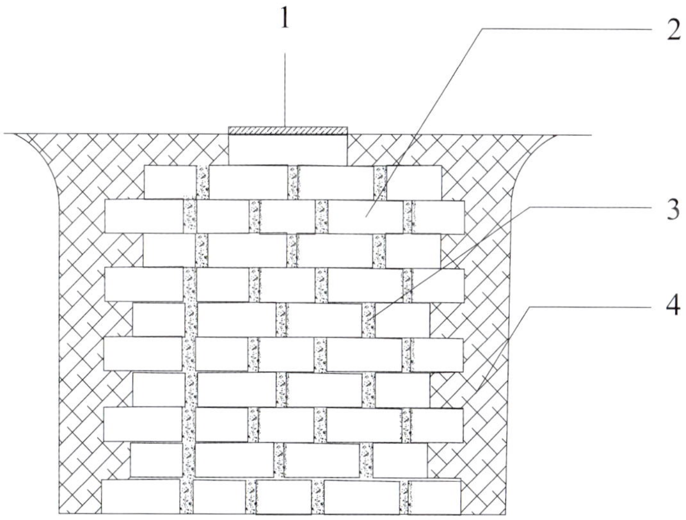

1.井盖；2.方砖、错缝垒砌；3.土壤改良基质、种植土；4.种植土

图5-47 复壮井剖面图

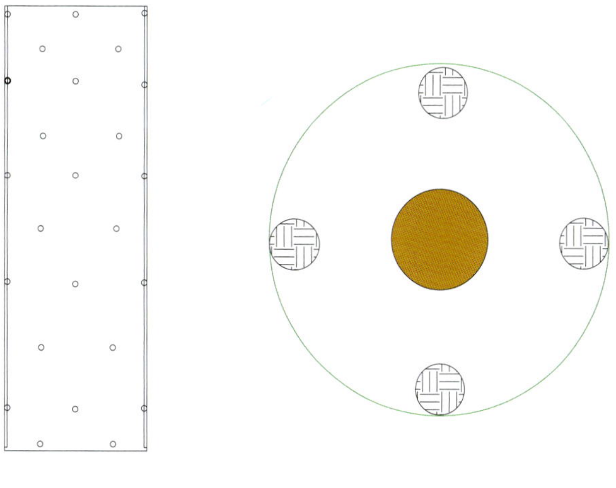

图5-48 通气管刨面图（左）、通气管位置图（右）

古树名木保护与复壮实践

第6章

古树名木保护复壮实操案例

6.1 端门古树保护复壮实操案例

古树位于故宫博物院端门至午门之间区域，涉及古树7株，分别为槐3株、榆树3株、皂荚1株，全部为二级古树。现选取端门2株古榆和1株古槐作为典型案例进行分析。

6.1.1 古榆树

6.1.1.1 立地条件

多年自然生长的古榆，冠幅较大，枝条密集，受极端自然天气及生长环境变化等多因素影响，存在不同程度的树体空腐、枝干劈裂、树体倾斜、地下生长环境差等问题，考虑古树生长位置临近文物古建，同时周边游人流量较大；周边均为硬化铺装，树池围堰面积极小。选取2株古榆作复壮案例分析（表6-1）。

表6-1　古树榆树信息

序号	现古树编号	树种			所在位置	估测树龄	古树等级	树高	胸(地)围	平均冠幅
		科	属	中文名		(年)		(m)	(cm)	(m)
1	110101B02411	榆科	榆属	榆树	端门路东侧（南）	115	2	14	330	12
2	110101B02413	榆科	榆属	榆树	端门路东侧（北）	115	2	15	350	12

6.1.1.2 存在的问题

古榆2411树冠主枝均为原生主枝折断后萌生枝，枝条密集，部分枝干下垂严重，无支撑保护，存有劈裂隐患；主干轮廓缺失严重，形成开放性侧面树洞，无修补措施（图6-1）。

古榆2413，根部裸露凸起，主干存在自上而下的贯通树洞，木质部枯朽，长势较弱，树体倾斜严重，存在较大安全隐患；原有修补材料老化脱落，木质部腐朽严重；铁质支撑锈蚀，且支撑托板已嵌入树皮组织内部；树洞使用水泥石块垫底填充（图6-2）；两株古榆距离过近在生长过程相互影响导致树体倾斜严重。

图6-1 古榆2411复壮前

图6-2　古榆2413复壮前

6.1.1.3诊断结果

古榆大量萌生枝消耗树体营养，导致树体衰弱；主干开放性侧面树洞，在极端天气下易折断；在强风天气下，可能会摆动幅度过大，对周围的古建筑造成安全隐患；铁质支撑锈蚀，支撑不稳固，嵌入树皮组织内部，对树体造成损伤（图6-3）。

图6-3　古榆2413支撑托板（已嵌入树皮）

6.1.1.4 治疗方案

（1）枝条整理

考虑树枝负重能力及伤流特性，对古树适量减负疏剪，以改善枝叶密集、透光条件差等问题（图6-4、图6-5）。

图6-4　古榆2411枝条整理后

图6-5 古榆2413枝条整理后（左侧）

（2）支撑保护

结合相关行业专家建议及相关保护案例，为最大程度降低对地面文物的破坏，采取定制仿木纹理的单支柱支撑（图6-6、图6-7）。

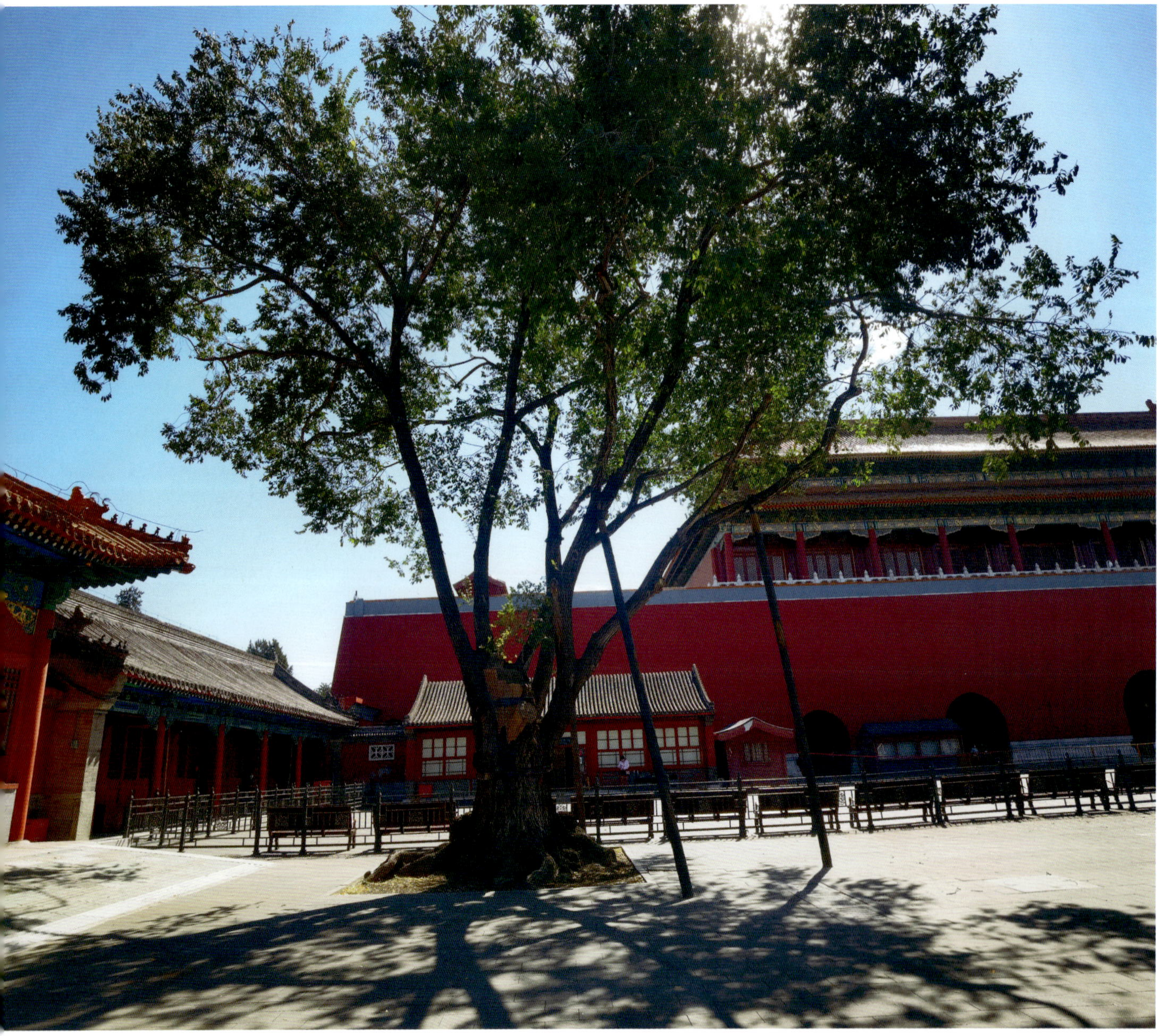

图6-6　古榆2411支撑

图6-7 古榆2413支撑

（3）树体仿真修复

拆除原有破损修复材料后，对与主干贯通的树洞，进行消毒杀菌、清腐防腐处理，使用复合修复材料，对树洞进行仿真修复（图6-8）。

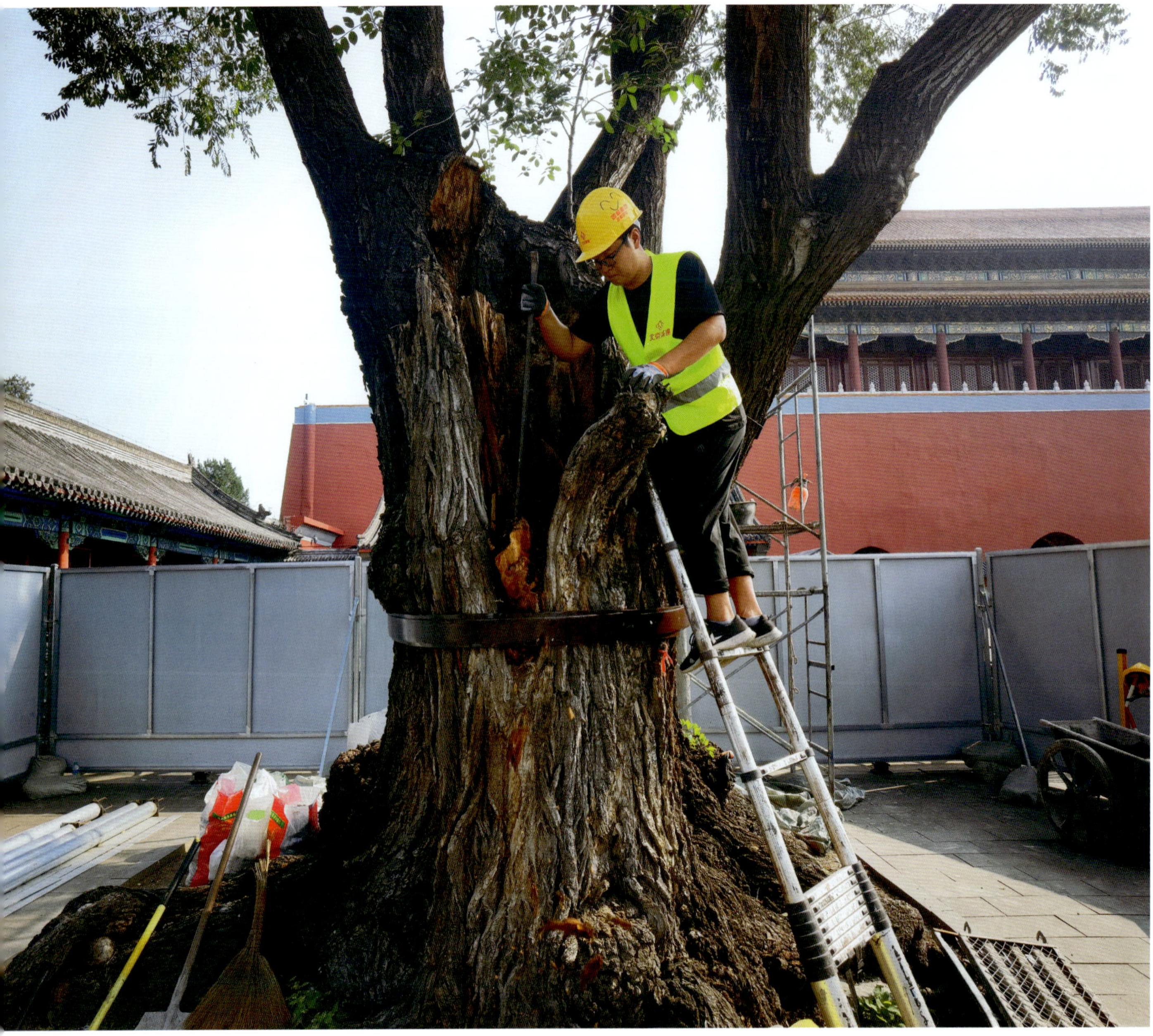

图6-8　树洞仿真修复

（4）抱箍加固

古树主干中空腐朽且主枝、侧枝生长密集，为避免主干劈裂隐患，采用可调节抱箍加固措施保护树干（图6-9~图6-12）。

图6-9　古榆2411仿真修复后

6.1.2 古槐保护

古槐位于东城区中宣部，共计2株，二级古树。现选取1株古树作为典型案例分析（表6-2）。

6.1.2.1 立地条件

古槐周边均为绿地，生长条件较好，满铺冷季型草坪，供给足够的根系生长空间。

6.1.2.2 存在的问题

树冠枝干延伸较长，主干中空，树体东侧木质部缺失严重，原有修补措施破损严重；树冠内分枝集中于北侧主干，整体中心偏移，无支撑及拉纤保护措施。

图6-10　古榆2413仿真修复后

图6-11 古榆2411修复后

图6-12　古榆2413修复后

表6-2　古槐现状调查信息

古树编号	树种			所在位置	估测树龄（年）	树高(m)	胸围(cm)	平均冠幅(m)
	科	属	中文名					
110102B01219	豆科	槐属	槐	中宣部主楼南侧（东）	115	16	440	13

6.1.2.3诊断结果

树冠内枯死枝、断裂枝较多，影响通风透光；树体中心偏移，无支撑保护，西侧存在折断风险；树体东侧木质部缺失严重（图6-13）。

6.1.2.4治疗方案

枝条整理：对伤残、劈裂和折断的枝条进行整理，清除受伤部分，枯死枝条。

仿真树体支撑及拉纤：采取仿真硬支撑结构与拉纤相结合的方式进行枝干保护，北侧较大分枝设置一组“A”字复式支撑，在第一支撑点继续向上延伸至适当位置，由顶端牵引方式设置多组拉纤吊点，采用调节抱箍结合钢丝绳拉纤的方式牵引保护（图6-14）。

树洞修补：拆除原有破损修复材料后，对树洞进行消杀、清腐处理，使用复合修复材料，对树洞进行仿真修复。

图6-13　古槐1219（复壮前）

图6-14　古槐1219（修复后）

6.2 北京市劳动人民文化宫古树保护复壮实操案例

园内共存古树712株，多为侧柏或桧柏，树龄高者达500年以上。其中，一级古树497株，二级古树215株。2008年5月，开展古树及其生境改造工作，其中古柏保护复壮是本次改造的重点工作。

6.2.1 立地条件

古树周边大多存在地面硬化铺装，古柏树林中有较多杂草杂灌。

6.2.2 存在的问题

土壤含水率较高，影响土壤通气性。临近铺装区域的古树因铺装面积较大，土壤透气效果较差；个别古树原水泥修补老化，树体倾斜严重，侧枝严重偏离，存在倒伏或折断风险。

6.2.3 诊断结果

6.2.3.1 新梢生长量较少

古柏树林中的古树，周边杂草、杂灌、攀缘植物较多，光照不足，影响养分获取，导致古树枝条细弱、新梢生长偏弱、生长量较少（图6-15）。

图6-15 古树周边竞生植物

6.2.3.2 土壤问题

古树周边存在大面积硬化铺装，部分区域混凝土垫层高达20 cm，严重影响根系通气、透水性；树林中的土壤因积水而造成的含水率较高，最高值达23%，导致根系活力下降，植物根部呼吸减弱，影响正常发育（图6-16）。

图6-16　改造前铺装混凝土垫层

6.2.3.3 树体失衡

古柏1407侧枝严重偏离，树体严重倾斜，原支撑在道路中央且支撑点偏移，存在倒伏风险（图6-17）。

6.2.4 治疗方案

6.2.4.1 增设保护围栏

在北京市劳动人民文化宫的庄严殿堂之外，精心增设的汉白玉围栏，以其纯洁无瑕的质地与古朴典雅的纹饰，巧妙地融入了这座承载着深厚文化底蕴的宫殿之中。汉白玉围栏不仅以其温润的触感、细腻的光泽增添了空间的层次感与尊贵气息，更在无声中讲述着中华文化的悠久与辉煌，与劳动人民文化宫内丰富的文化内容相得益彰（图6-18）。

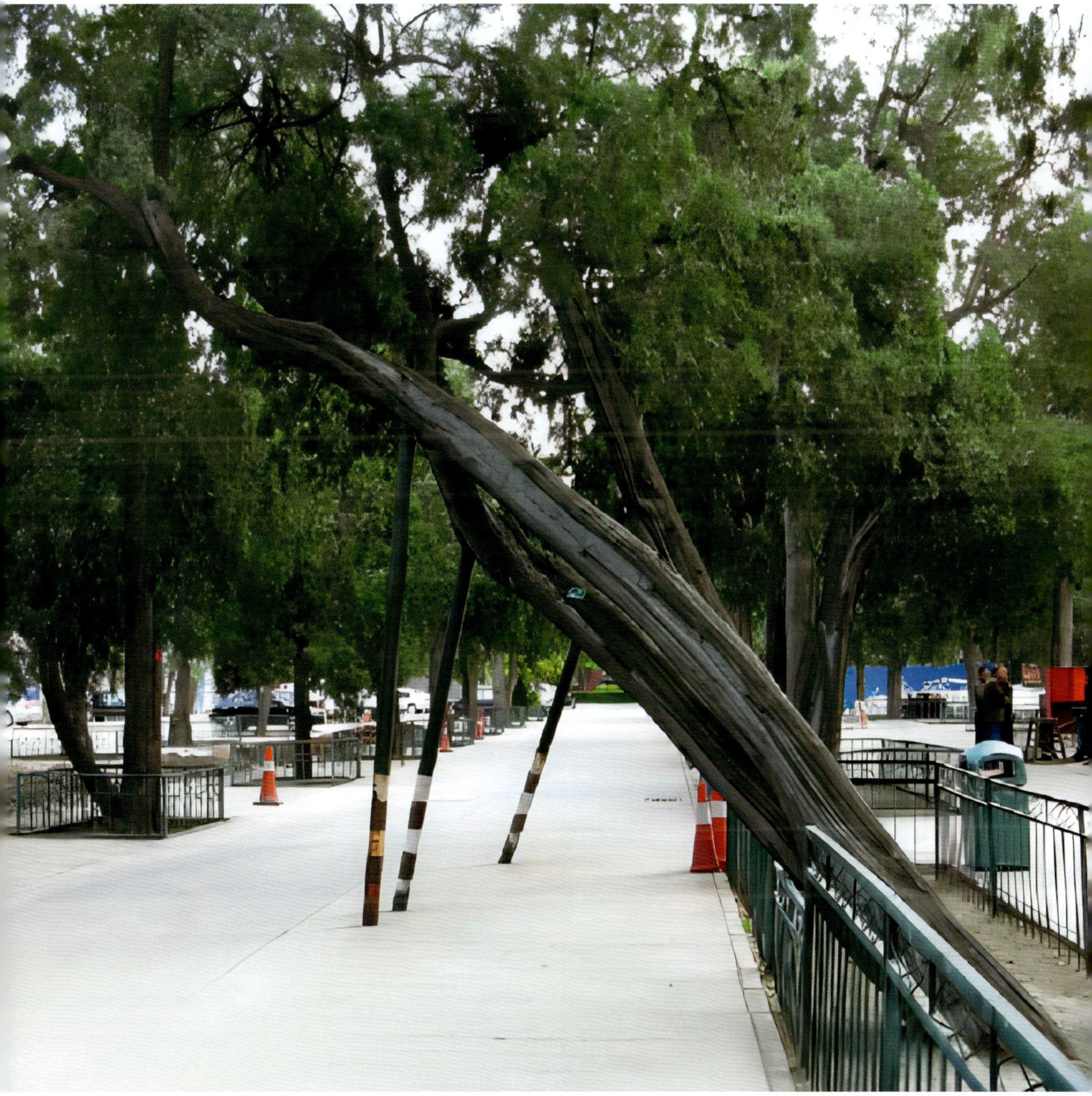

图6-17 改造前支撑

图6-18　围栏保护

6.2.4.2 埋设透气管

（1）透气管的综合运用

开挖复壮沟，且两端埋设透气管，在每个透气管内增加一个直径80 mm、长50 cm的不锈钢管，钢管周身打12排直径6 mm的孔，上下孔距2 cm。透气管底部打6个孔，底部与直径20 mm的不锈钢管连接。透气管内放置一些腐殖土，腐殖土内接钢管，以便管内的缓释肥通过腐殖土释放到古树根部（图6-19）。

（2）增设透气井

针对易积水、营养流失等情况，采取增设透气井的新型复壮措施。在复壮沟的一端做透气井，井直径70 cm、深80 cm。挖穴时直径1 cm以上的根系不能切断，尽量保留毛细根系；劈裂根部及时修剪；遇到较粗的根系时要扩大树穴的规格，以减少对根系的损坏。井内壁用砖垒砌而成，井壁上下均不勾缝，外侧用原土填埋，透气井内填放配制的腐殖土，填放高度为40 cm。透气井内有树根的，腐殖土应高出树根10 cm，上盖玻璃钢树脂井盖（图6-20）。

6.2.4.3 “龙门吊”拉纤保护

古树1407下方是机动车道，“龙门吊”拉纤，采用了倒“U”形钢拉纤方式，如图6-21上所示。支撑脚采用下挖100 cm，现浇C20混凝土基础（700 cm × 1000 cm × 700 cm）与工字钢固定，拉纤点与古树结合处垫衬橡胶垫固定，钢索做软连接，防止支撑杆滑落伤害树皮。这种“龙门吊”的形式不仅能起到支撑保护作用，而且不会影响道路交通，如图6-21下所示。

图6-19 埋设透气管

图6-20 增设透气井

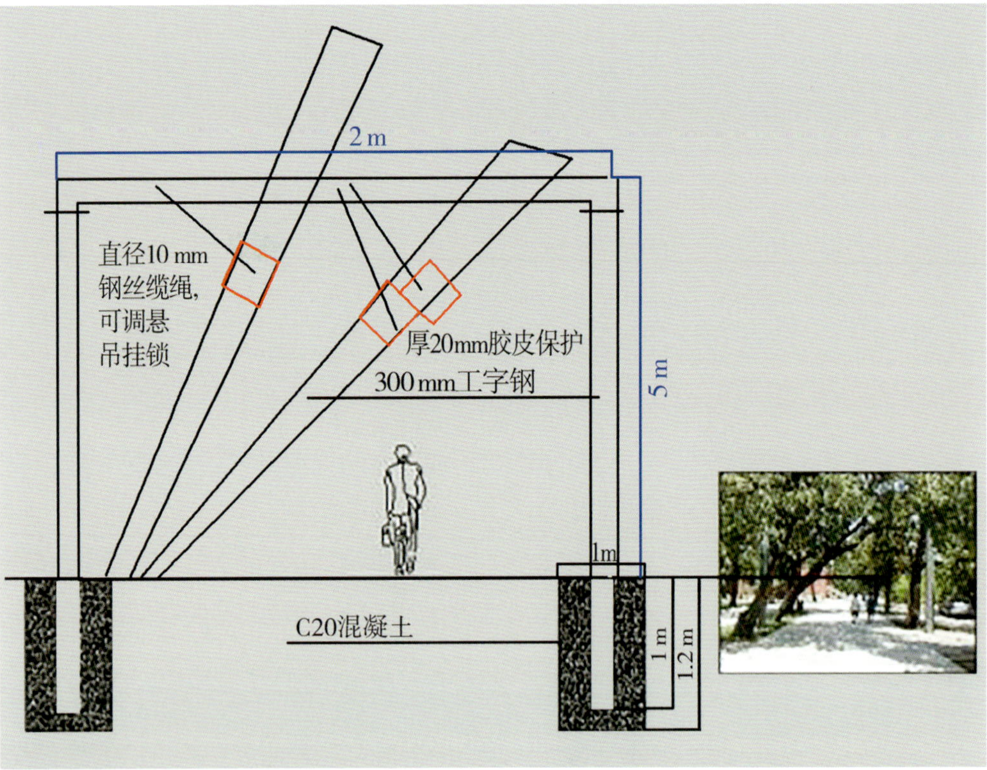

图6-21 “龙门吊”拉纤示意图（上）及完成效果（下）

6.3 公主坟绿地古树公园古树保护复壮实操案例

公主坟绿地位于北京市海淀区新兴桥，始建于1802年前后，是具有百年历史的古树聚集地。于1965年绿地周边修建地铁1号线、2009年修建地铁10号线。2020年，公主坟东北角建设成古树主题公园，园内古树苍翠挺拔、错落有致，展现出古色古香的历史文化。

养护范围：总面积约60165 m^2，为特级绿地。绿地内二级古树 71 株，其中油松21株、桧柏34株、白皮松6株、侧柏1株、槐 9株（图6-22）。

图6-22 公主坟绿地古树现状图

6.3.1 古白皮松复壮

6.3.1.1 立地条件

古树周边种植其他乔灌木及地被等植物，四周高台阶挡墙围绕，铺装为防腐木栈道，临近原地铁1号线出入站口处（图6-23、表6-3）。

图6-23 古白皮松树势衰弱

表6-3 古白皮松现状调查信息

现古树编号	树种			所在位置	估测树龄(年)	树高(m)	胸围(cm)	平均冠幅(m)
	科	属	中文名					
110108B06529	松科	松属	白皮松	新兴桥东北角	210	13	158	6.25

6.3.1.2 存在的问题

由于地铁建设暗挖施工，古白皮松的生长环境由自然地层变成“屋顶式”。同时，古树周边道路施工、铺装增多，导致古树原生长环境破坏；对土壤理化性质进行分析得出，有机质含量为13.5 g/kg、碱解氮为68.2 mg/kg、有效磷为56.2 mg/kg、速效钾为127 mg/kg、全盐为0.77 g/kg、pH值为8.46。古白皮松当年生枝条短小（平均年生长量≤3 cm），生长细弱、稀疏、叶色偏黄；并有小蠹虫的危害，导致古白皮松韧皮部、木质部和输导组织严重受损（图6-24）。

6.3.1.3 诊断结果

新建地铁站导致古白皮松土壤结构受损、透水透气性差、地下深层根系生长空间受限，造成古白皮松树势衰弱，进而引发小蠹虫的危害，加剧了树势的衰弱速度，因此防治小蠹害虫是治疗古白皮松复壮的首要任务。经观察发现树干及树皮内发生的小蠹害虫为品穴星坑小蠹。土壤检测结果显示，土壤有机质含量偏低、pH值趋于强碱性（图6-25），应采取土壤改良措施。

图6-24 古树白皮松树干小蠹虫危害状

图6-25　古树白皮松生长较差的土壤环境

6.3.1.4 治疗方案

（1）小蠹虫防治

利用外缠麻布片方式将古树树干从底部至上部紧密缠绕（图6-26），采用挥发性强的杀虫剂将麻布片喷湿，以不留药液为准，再在麻布片外层缠绕一层塑料薄膜，上下封口，利用熏蒸法来杀死树皮下的害虫。树堰周围采取环绕挖沟、挖穴等撒施方式，地埋吡虫啉，结合灌溉，促进根系的吸收。

（2）土壤改良

开挖复壮沟，回填复壮基质；采取四周环绕式埋设塑笼式透气管（图6-27），消除部分现状土，增补有机土壤改良物；结合地面撒施，采取灌根施肥措施。

通过三年复壮措施，古白皮松松针新梢数量逐年增多，平均年生长量在5cm以上，树势明显增强（图6-28）。

6.3.2 古槐复壮

6.3.2.1 立地条件

古槐位于公主坟绿地西南角，羊坊店公主坟门殿铺装广场南侧。古槐树池由四周高台阶挡墙围堰，周边主要配置古槐、常绿油松、落乔银杏、地被植物等，古树等级为二级（图6-29、表6-4）。

图6-26　缠绕麻布片（内层）熏杀小蠹虫示意图

图6-27 埋设塑笼式透气管

表6-4 古槐现状调查信息

现古树编号	树种			所在位置	估测树龄（年）	树高(m)	胸围(cm)	平均冠幅(m)
	科	属	中文名					
110108B06534	豆科	槐属	槐	新兴桥西南角	230	13.4	200	8.7

6.3.2.2 存在的问题

经观察发现，树干分支点处树体腐朽严重，树洞处修补材料年久开裂，有树洞积水、腐朽等问题。

6.3.2.3 诊断结果

通过对古槐树干空腐状况的精细调查，诊断为典型朝天树洞，随树木的生长，原修补层水泥材质发生开裂，空洞内部积水、腐烂，枝条及叶片长势稀疏偏弱。

6.3.2.4 治疗方案

朝天树洞：拆除原有修补层水泥和砖石瓦块等、清理树洞腐朽组织、病虫害防治、杀菌防腐处理、安

图6-28 古树白皮松复壮前（上）、复壮后（下）生长势

图6-29　古槐生长势

装土壤透气管、安装龙骨架、封堵洞口、仿真等措施。减轻树洞积水、腐朽、严重倒伏等风险。做到修复如旧，以切实可行、不伤树体自身形态、最大保护为原则，提升古树的生长势（图6-30）。

通过复壮技术措施，公主坟绿地西南角的古槐，对树洞积水腐朽有效控制，减少病虫害的侵蚀，促进后期伤口愈合，现古槐整体树木生长势有效提升（图6-31）

左：拆除原有修补层；中：洞内空腐清理；右：修复后

图6-30 古槐树干朝天洞修复

图6-31 古槐树洞修复前（左）、修复后生长势（右）

6.4 石景山区显应寺、龙王庙古树保护复壮实操案例

2022年对石景山区显应寺、龙王庙3株古树（一级古槐2株、二级古侧柏1株）进行保护复壮工作。主要采取扩大树池、增设透气孔、枝条整理、树体修复与防腐、围栏等措施。

6.4.1 立地条件

石景山区显应寺、龙王庙隶属于石景山区文物研究所，是北京市文物保护单位之一。显应寺院门外有1株古侧柏，入寺院山门，院落正中是大殿，大殿旁伫立着1株古槐，如图6-32左；龙王庙门前生长着1株古槐，距今已有300余年，如图6-32右。

6.4.2 存在的问题

显应寺内的古槐原有树池较小，土壤透气面积不足，树池内土壤存在较多杂物；龙王庙前的古槐，冠幅较大，枝条较长，平衡性较差，存在折断风险。

图6-32　古树复壮前显应寺古树（左）、龙王庙古树（右）

6.4.3 诊断结果

6.4.3.1 围堰较小，限制生长空间

石景山显应寺内的古树树池较小，限制了古树生长的需求，透水、通气性受到影响，如图6-33所示；同时经过土壤检测，发现根部含水率较低，仅为8%；土壤可溶性盐度EC值较高，达1 mS/cm，处于临界值，严重影响根部生长。

左：生长空间较小；右：土壤异物较多

图6-33 生长空间与土壤问题

6.4.3.2 树体失衡，树体失衡

石景山显应寺内与龙王庙外的古槐，南北冠幅较大，枝冠密集，存在枝杈折断风险，且存在砸毁古建筑的极大安全隐患（图6-34）。

图6-34　树体失衡

6.4.4 治疗方案

6.4.4.1 扩大围堰、改良土壤与增设围栏

扩大围堰，增加树围堰边缘高度至10 cm，如图6-35上所示，在扩建后的围堰上增设高1.2 m围栏，如图6-35下所示，并刷防腐漆；清除表面杂物，更换为拌合生物菌肥的种植土，做表层土壤改良。

图6-35 扩大围堰（上）、增设围栏（下）

6.4.4.2 埋设透气管

在古树树冠投影外边缘的硬化铺装上设置品字形孔，间距1m，用水钻打15cm的圆孔，安装长度为80cm的透气管（管侧打孔），管两端缠绕无纺布。管内底层放入20cm深陶粒，再用3 ： 1比例的60cm草炭土和腐熟有机肥，混匀填入孔内压实至平，管顶低于地面2cm，管顶加带孔不锈钢盖（图6-36）。

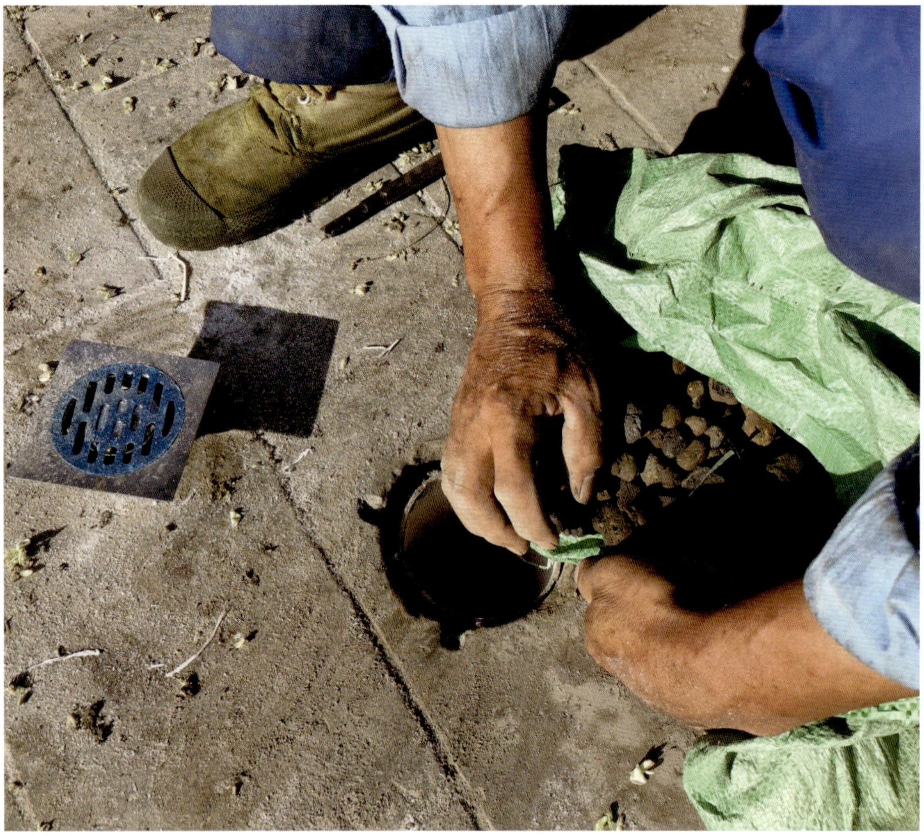

图6-36　硬质铺装上打孔通气

6.4.4.3 树体拉纤与支撑

显应寺内原有支撑无法起到支撑保护作用，但空间受限，无法加大支撑的范围，故采取增设支撑，在两根支撑中间增设一根，作为主要受力点。加固原有支撑，三根支撑加大支撑的受力程度，如图6-37上所示。龙王庙门外的古槐，古树树冠较大且一侧大枝轻微倾斜延伸至树体外，除支撑外，还采取了拉纤措施，加固树体，如图6-37下所示。

图6-37 树体支撑（上）与拉纤（下）

6.5 海淀区香山买卖街古槐树体仿真修复实操案例

香山买卖街，隶属于海淀区香山街道，沿路一直向西走，即可到达香山公园。街道两旁共屹立着16株古树，随着时代的推移，其中9株古槐发生了不同程度的树体损伤情况，若不妥善处理，将会进一步扩大树体的损伤程度，以至威胁古树的生长态势。

6.5.1 立地条件

9株古槐位于海淀区香山买卖街街道两侧，古树生长空间较小。

6.5.2 存在的问题

树体损伤严重（图6-38）或原有修复措施破损（图6-39）；原有修复措施不合理，采用发泡剂填充，存在加速木质部腐烂等问题（图6-40）。

6.5.3 诊断结果

经过长期的雨水侵蚀，树体内部的腐烂情况加剧；树体完全中空或已形成贯穿空洞；目视树体完好的古树，经应力波检测，平均空腐率为25%，最高者达50%以上，属于重度风险。

图6-38　树体损伤严重

图6-39　原有修复措施破损

图6-40　清除原树体填充的聚氨酯发泡剂

6.5.4治疗方案

采用原生态仿真修复创新技术：首先拆除原有修复措施，清理腐烂物质；消杀防腐三遍；在树洞内置入钢筋龙骨，并根据树体或枝干走向进行造型，后外挂镀锌钢网；用塑形泥对龙骨表面进行修补，接触部位修补材料略低于树体；人工雕刻树干，仿真造型；调和与古树裸露树木木质部相近的颜色，进行上色，上色完成后喷洒防水、固化材料。树体空洞较大的古树，内部置入透气孔，保证树体内部干燥，延缓树干空腐的发展。经过修复、复壮的9株百年古树焕发新的风采，展现古韵风华（图6-41）。

图6-41　部分古槐修复前（左）后（右）对比

香山买卖街作为一条承载着深厚历史底蕴的街道，不仅是通往著名风景名胜香山公园的必经之路，更是展现中国传统文化与自然风光和谐共生的一个缩影。这些修复后的古槐与周围的古风建筑相得益彰，共同营造出一幅古色古香、韵味悠长的画卷。这一举措不仅极大地提升了街道的景观效果，还深刻体现了对历史文化遗产的尊重与保护（图6-42）。

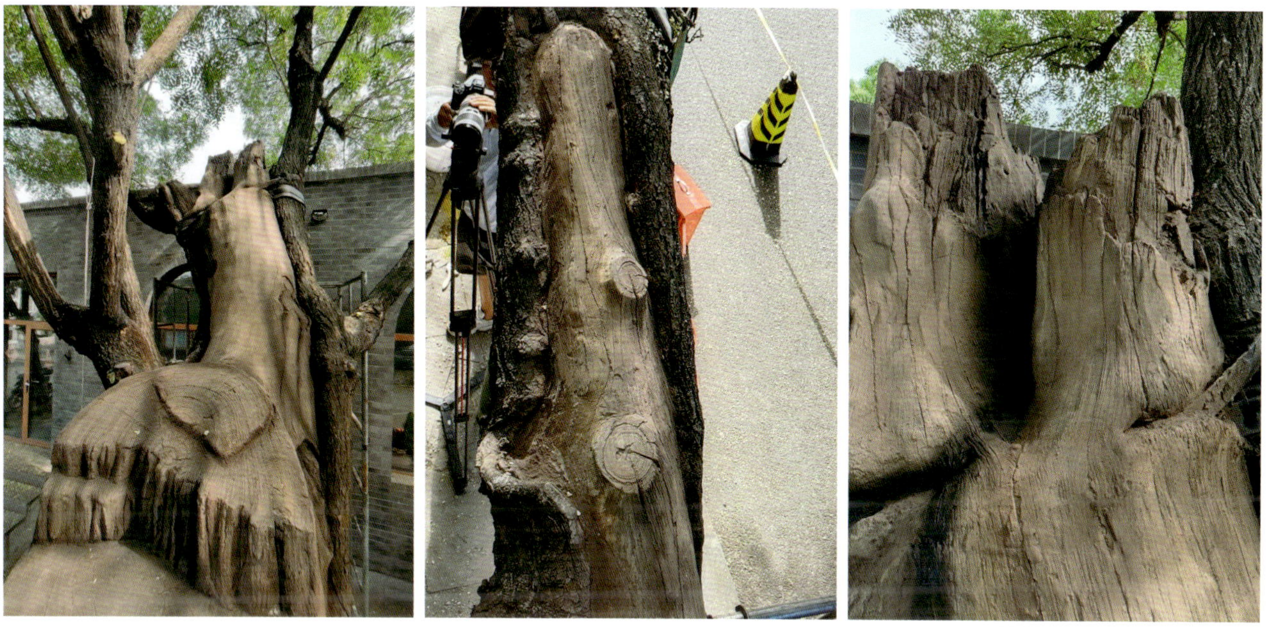

图6-42　细节效果展示

6.6 海淀区车耳营古油松仿真艺术支撑实操案例

在海淀区西北的凤凰岭自然风景区南路，有一座古老而幽丽的小山村，名车耳营，该村村东的大道北侧有一座古庙——关帝庙，其庙前矗立着一株高大的古松，为辽代所植，至今已有千余年。因其树干周长达到3.50m，比北海公园“遮阴侯”的3.18 m还要长，所以为北京“古油松之最”“北京最美十大树王之一”。最美乡村车耳营村坐落在海淀区苏家坨镇凤凰岭景区南线，自然景色优美，人文古迹众多。这里绿色植被覆盖率达到95%以上，平均气温比市区低3~4℃。

车耳营关帝庙的这棵古油松，一个大枝向大道上长长的伸延，好像正迎接着来客，故名“迎客松”。

6.6.1 立地条件

白古油松北侧，紧邻着关帝庙，庙宇的庄重与古树的苍劲相互映衬；南侧是一条乡村柏油路。在古油松的树冠投影范围内，考虑到古树生长的需要，地面铺设了嵌草砖，确保了根系能够自由呼吸与伸展，同时也兼顾了环境的美观与实用性（图6-43）。

图6-43 增设支撑前

6.6.2 存在的问题

古油松东侧与南侧的主侧枝因长期未经适当修剪与平衡管理，出现了过长的情况，这不仅破坏了古树的自然形态与美观度，更重要的是，过长的主侧枝在强风、雨雪等恶劣天气条件下存在极大的折断风险，对古树的生存安全构成了潜在威胁。

6.6.3 诊断结果

鉴于古油松所处的特殊环境——紧邻关帝庙，为了既保护古树的安全，又保持与周围古建筑的和谐统一，采取仿真艺术支撑方案。这种支撑方式不仅能够有效分散并减轻过长主侧枝所承受的重力负荷，降低折断风险，还能与关帝庙的古朴风貌相得益彰，实现自然景观与人文景观的完美融合。

6.6.4 治疗方案

经过专业的园林工程师与资深古树保护专家的深入调研与多次严谨论证，精心策划了古油松仿真艺术支撑设计方案，旨在既解决古油松东侧与南侧主侧枝过长带来的折断风险，又确保与关帝庙的古朴庄严相互辉映。

设计方案中，在硬支撑结构稳固可靠的基础上，采用艺术仿真处理，通过细腻的纹理、自然的色泽以及巧妙的造型，使支撑结构仿佛成为古树生长的一部分，以最小的视觉干扰达到最佳的支撑效果，让游客在欣赏古油松的枝繁叶茂时，几乎察觉不到支撑结构的存在（图6-44）。

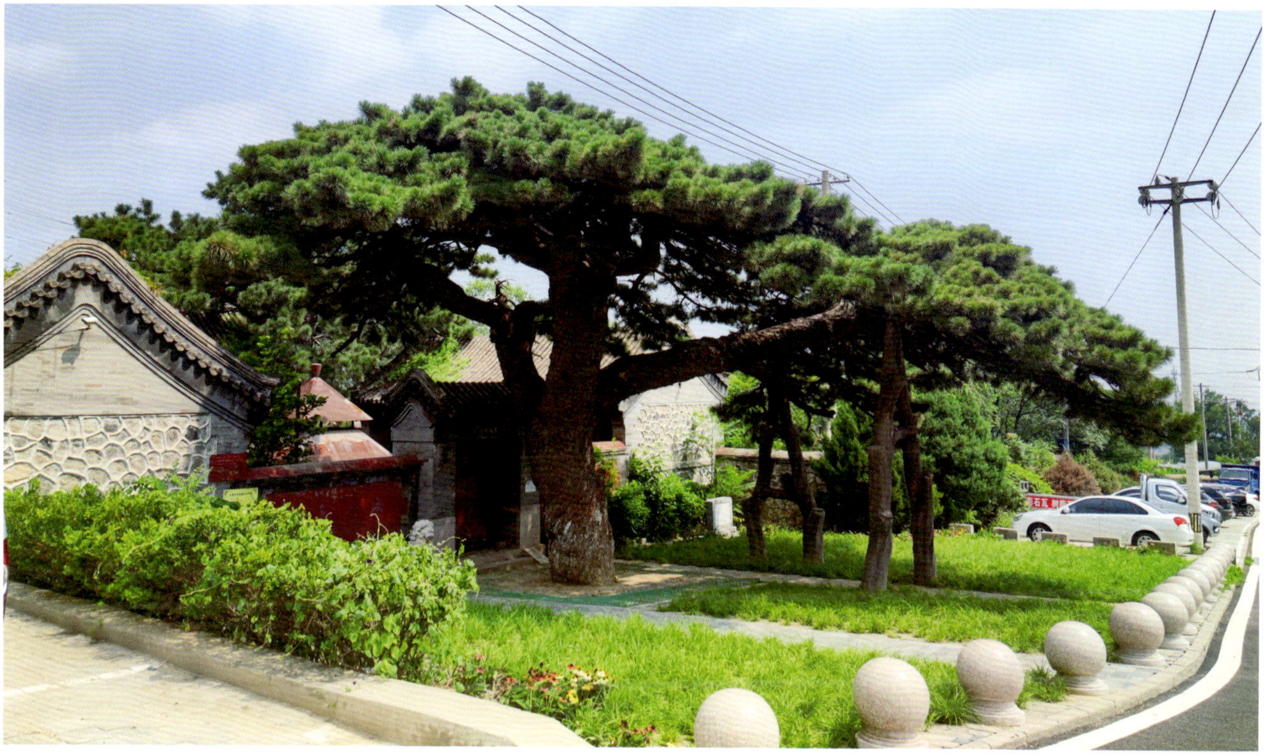

A. 整体效果

B. 细节效果

图6-44 增设支撑仿真修复后

6.7 海淀区北坞公园白皮松、华山松（名木）复壮实操案例

北坞公园位于古典名园之旁，具有独特的地理位置。北坞公园与周边颐和园、玉泉山以及其他公园协调一致，相得益彰；园中景物、植被、雕塑等与环境相适应，提升了公园的整体品质，是别具特色达郊野公园。

庚寅夏初，全体中央政治局常委，带领各界人士在此植树造林，并为后代留下希望和寄语。

6.7.1 立地条件

白皮松、华山松均耐贫瘠，但喜土层深厚、排水良好的酸性土壤。现场观测，当地土壤是非常黏重，排水不良。同时，华山松和白皮松树下种植冷季型草坪，草坪频繁浇水造成土壤含水量持续偏高（图6-45）。

6.7.2 存在的问题

6.7.2.1 土壤理化性质不良

树木医生对绿地内白皮松、华山松土壤进行现场观测并取样送检。土壤化验分析结果显示：土壤黏重，土壤有机质含量为8%，土壤pH值为8.26，呈强碱性，水解性氮含量低，土壤盐分超标（图6-46）。

6.7.2.2 部分树木未拆除包裹土球的无纺布

表层土挖掘过程中发现部分包裹土球的无纺布尚未处理，影响了树木根系的生长，并且出现无纺布内树根腐烂的现象（图6-47）。

图6-45　白皮松、华山松长势衰弱症状

图6-46 土壤取样

图6-47 部分包裹土球的无纺布尚未处理

6.7.3诊断结果

6.7.3.1土壤有机质含量低，土壤黏重

土壤有机质是土壤固相部分的重要组成成分，作用是改良土壤结构，促进团粒状结构的形成，增加土壤的疏松性，改善土壤的通气性和透水性。通过化验数据看，现场树穴改良土壤有机质含量仅为8%，达不到土壤最低标准（有机质含量≥10%）。因此，提高有机质含量是解决土壤的关键因素。

6.7.3.2土壤呈强碱性

白皮松、华山松喜弱酸性土壤，化验数据显示，土壤pH值为8.26，呈现强碱性。因此，在提高土壤有机质的同时，解决土壤酸碱性也是提升白皮松、华山松等常绿树景观效果的重要因素。

6.7.3.3 土壤水解性氮含量低，盐分超标

土壤水解性氮含量低，补充有机质的同时，也会提高土壤氮含量；土壤盐分超标，黏性过高，土壤排水不良。华山松下种植的草坪经常浇水后，不能及时下渗，水分经过蒸腾以后，盐分滞留在土壤表层，导致盐分超标。因此，增加有机质含量、提高土壤通透性是解决北坞公园油松生长不良的办法。

6.7.4 治疗方案

6.7.4.1 清除树穴杂物

树穴周围覆土板结、透水性差，降低了树木根部的透气性；同时树穴内堆积有砖头、石块、土球包装物等垃圾。雨季容易形成树穴内积水，导致树木根部被浸泡而腐烂。采取彻底清除树穴杂物，清除覆土深度10~30 cm的改良措施，注意避免伤根（图6-48、图6-49）。

6.7.4.2 使用生根粉

部分树木根系生长不良，故利用生根粉的刺激作用，促进萌发新根从而恢复其吸收功能，这是树木复壮的重要措施。用喷雾器喷在树坨周围，以喷湿树坨为准（图6-50）。

6.7.4.3 设置透气透水管

现场树木树穴较深、地势较低，若排水不畅，树穴内积水会影响树木根部的通气透水性，树木移植土球应高于周围地面5~10 cm，需要采取树木通透性和排水性改良措施。在树木根系密集区，用油钻钻孔，将塑笼式透气管放进打好的孔内并安装好，塑笼式透气管均匀安装，每株树木设置3~4个（图6-51）。

图6-48　清理树穴内杂物

图6-49　清除土坨周围的无纺布图

图6-50　喷施生根粉

图6-51 设置透气管

6.7.4.4 扩大围堰

树木周围种植草坪，草坪需要每天浇水，会造成土壤含水量长时间处于高位，降低土壤通透性及根系与空气中的氧气交换。白皮松、华山松喜通透性好的土壤，因此，扩大围堰，并增加15 cm宽的绿色隔水板，以减少草坪浇水对树木根系的影响（图6-52）。

6.7.4.5 回填有机改良营养土

种植土是园林树木生长的立命之本，良好的种植土，能提高树木的成活率。在砂性土壤里，回填常绿树复壮专用基质，提高有机质含量。同时，采用有机肥与陶粒结合的形式，增加土壤通透性。每株树木施用9~10袋专配的有机改良营养土和1~2袋陶粒，并根据具体情况适当调整。回填时要注意分层填实，透气管应保证管口略高于地表2~3 cm（图6-53）。

6.7.4.6 设置渗水井

种植穴内积水，会导致自然下渗不畅或无法外排，故在排水淋层下、种植穴外缘挖一个直径30 cm、深度≥100 cm的集水井。在集水井内竖向埋设一根80 cm中空型塑笼式透气管，以起到通气、观测渗水井内有无积水及便于抽出积水的作用。并在渗水井里填埋陶粒或者砾石（图6-54）。复壮完成效果，如图6-55所示。

图6-52　增加绿色隔水板

图6-53　回填土壤改良基质

图6-54 设置渗水井

图6-55　复壮完成效果

6.7.5 复壮效果

2年的复壮跟踪观测结果表明，复壮后的白皮松和华山松新梢生长量显著提高，针叶变绿，生长势旺盛（图6-56）。

2020年8月拍摄

2022年8月拍摄

图6-56　2020年与2022年白皮松、华山松复壮效果对比

6.8 门头沟区古树名木保护复壮实操案例

门头沟古树名木涉及全区9个镇和1个街道，其中永定镇213株、龙泉镇119株、潭柘寺镇273株、王平镇20株、军庄镇33株、妙峰山镇464株、雁翅镇149株、斋堂镇186株、清水镇211株、大台街道办事处15株，合计1683株。

2017—2019年，区内合计开展三期古树复壮项目，2017年抢救性复壮142株、2018年抢救性复壮53株、2019年抢救性复壮132株，累计复壮濒危、衰弱古树327株，其中油松112株、侧柏33株、槐153株、银杏19株、皂角7株、桧柏2株、楸树1株。现选取永定镇油松、槐等古树作典型复壮案例综合分析。

6.8.1 立地条件

因房屋拆迁、地铁站修建等问题，古树根系无法生长，树洞大面积腐烂，枝条存在折枝风险，长势逐年衰弱。

6.8.2 存在的问题

古树树堰过小、土壤密实度高、养分和水分的获取不足，影响根部正常呼吸，导致生长势衰弱；支撑受损，承重力降低，自然灾害、病虫害或人为因素引起的树体损伤，未妥善处理，导致树木腐烂、折枝折杈。虫害主要以刺吸式害虫（柏大蚜等）和钻蛀类害虫（国槐叶柄小蛾、锈色粒肩天牛、红脂大小蠹等）为主。

6.8.3 诊断结果

6.8.3.2 人为环境干扰

考虑到临近地铁站及居民区，堆积杂物、悬挂物品等造成古树枝干破损断裂，树洞内堆放物品造成古树生长环境恶劣，影响古树生长。

6.8.3.1 土壤通气性差

土壤板结，通气性差；大面积的硬化铺装，围堰较小，营养吸收空间受限。周边生长环境破坏严重，乱排污水、乱倒垃圾、堆放建筑垃圾，导致了土壤的酸化和盐碱化。经过土壤检测，根部土壤含水率及有机质等关键指标均偏低。

6.8.3.3 透光、透水性差

树冠密集，枯枝死杈多，导致古树通风透光性差，影响古树叶片的光合作用（图6-57）。土壤板结，透水性差，土壤改良是关键措施，是实现古树树势恢复的核心工作内容。

6.8.3.4 树洞腐烂

古树根部裸露凸起严重，主干为敞开式树洞，树体轮廓缺失约1/3，树冠枝条密集，枯死枝、断裂枝较多，结合根部凸起、树体主干空洞明显，有严重的腐烂情况，古树存在倒伏折断的安全隐患（图6-58、图6-59）。

图6-57　枯枝死杈

图6-58 主干破损

图6-59 红脂大小蠹危害状

6.8.4 治疗方案

6.8.4.1 埋设土壤透气管

根据古树生长环境的特点，因树制宜地给古树实施不同形式的地下环境改良，埋设土壤透气管，有效增强古树根部土壤的通气透水性（图6-60）。

图6-60　设置复壮穴

6.8.4.2 增设特制围栏

考虑安全稳固、结实耐用的经济性原则，围栏的支柱使用60 mm × 60 mm的方钢管作为主材、横撑使用60 mm × 30 mm的方钢管作为主材、竖撑使用30 mm × 30 mm的方钢管作为主材，以上原料均根据现场测量后，现场进行焊接和制作。浇筑200 mm × 200 mm × 200 mm的混凝土基座，并在基座里埋入150 mm × 150 mm × 5 mm的预埋件。现场焊接安装完成后，依次涂刷底漆、防锈漆和色漆（图6-61）。

6.8.4.3 枝条整理

整理枝条包括剪除枯死枝、危险枝、病虫枝、竞争枝等。断枝、劈裂枝整理：折断残留的树杈上若尚有活枝，应在距断口2~3 cm处修剪；若无活枝，直径5 cm以下的枝杈则尽量靠近主干或枝干修剪，直径5 cm以上的枝杈则在保留树形的基础上在伤口附近适当处理。创伤面保护处理：所有锯口、劈裂撕裂伤口需均匀涂抹消毒剂，如5%硫酸铜、季铵铜消毒液等。消毒剂风干后再均匀涂抹伤口保护剂（图6-62）。

6.8.4.4 支撑加固

为保证古树的稳固性，对树体严重倾斜、树体中空、树体劈裂等存在严重安全隐患的古树进行硬支撑加固，及仿真处理。

考虑安全稳固、结实耐用的经济性原则，硬支撑宜采用直径114 mm的镀锌钢管作为支撑主材；浇筑400 mm × 400 mm × 400 mm 的混凝土基座，并在基座里埋入300 mm × 300 mm × 5 mm的预埋件；支撑管顶部与树体接触处焊接铁托盘（托盘宽度为240 mm，厚度为5 mm，长度应视具体与树体接触的点位而定）；托盘上放置橡胶垫片以保护树体；支撑管主体和托盘依次均匀涂刷底漆、防锈漆和色漆，色漆的色调为与整体环境相协调的咖啡色（图6-63、图6-64）。

古槐和古榆的树体腐朽程度严重，需进行树体防腐与树体修护。将腐朽的树体组织谨慎仔细地清理、刮除干净，喷施杀菌剂进行杀菌消毒处理（至少操作2遍），待杀菌剂风干后，最后涂刷或高压喷施防腐剂进行3遍防腐处理，且要求与树体本体颜色接近。

图6-61 围栏制作与安装

图6-62 枝条整理

龙骨架制作，要与树洞的外延进行比对，保证牢固性；电焊时做好防护工作，不得引燃树木本身或者周边杂物。龙骨架制作好后，外侧使用水泥和硅胶作仿真处理和艺术装饰。成型后要测试牢固程度，并作抱箍处理等，以保证树木整体安全（图6-65）。

6.8.4.6害虫防治

柏大蚜等刺吸类害虫发生规律及防治措施见附录D；国槐叶柄小蛾、锈色粒肩天牛、红脂大小蠹等钻蛀类害虫发生规律及防治措施见附录F（图6-66）。

图6-63　支撑加固

图6-64　复壮前（左）后（右）效果对比

图6-65　树体修复

图6-66 害虫防治

6.9通州区古树名木保护复壮实操案例

通州区位于北京市东南部，百里长安街东端，京杭大运河北起点。通州区现存活的古树名木共有140株，位于北京市通州区辖区内8个乡镇、3个街道，涉及26个村庄，16个单位、小区及4所学校。按照“一树一策”的原则，对古树进行逐株现场勘察，通过观察分析树势、树体破损及老旧复壮措施的现状，筛选出120株需要保护复壮的古树名木。其中一级古树20株，二级古树100株，涉及14个树种，其中桧柏9株、白皮松11株、侧柏14株、油松1株、槐73株、楸树1株、榆树1株、核桃树 1株、银杏3株。选取其中2株古树作为典型案例分析。

6.9.1新华街道三教庙古槐保护复壮

6.9.1.1立地条件

古槐0002位于三教庙内，古树周边为寺庙古建筑房屋，2016年因雷击主枝断裂只剩下东北侧一侧枝完好，事后对古树进行了抢救性修复。2018年在普查过程发现仿真树皮开裂破损，初步诊断为内部填充材料腐烂膨胀导致（表6-5）。

表6-5 古槐现状调查信息

古树编号	树种			所在位置	估测树龄（年）	古树等级	树高(m)	胸围(cm)	平均冠幅(m)
	科	属	中文名						
110112A00002	豆科	槐属	槐	新华街道三教庙	350	1	8.4	440	14.5

6.9.1.2 存在的问题

古槐树体原修复材料严重开裂，与内部结构分离，通过观察发现内部填充物出现泡水、腐烂现象，无法进行填充修补（图6-67）。考虑古树周边位置环境的重要性以及对古树今后生长的必要性，采取重新修复的方案。

图6-67　原树体修复材料开裂

6.9.1.3 诊断结果

古树主干轮廓缺失严重（早年雷击折断），已形成枯朽开放性树洞；树体原修复材料损严重开裂，与内部结构分离，无法进行填充修补，存在二次渗水隐患。

6.9.1.4 治疗方案

拆除原有破损的修复材料，清理树洞，对内壁进行消毒处理及防腐，对原有固定龙骨进行加密和修复造型，安装底层钢网，并将树洞封口。加固层挂网时，同步开展装饰面层作树橛、疤结等造型处理，仿真修复上色等细节处理（图6-68~图6-72）。

图6-68 主干龙骨架制作

图6-69 树体仿真造型

图6-70　仿真修复上色

图6-71　古槐复壮前

图6-72　古槐复壮后

6.9.2 北京行政副中心交通枢纽古槐保护复壮

6.9.2.1 立地条件

该株古槐位于副中心交通枢纽建设区域，2018年普查时周边为村庄拆迁废墟，处于拆迁荒地内（表6-6）。

表6-6　古槐现状调查信息

古树编号	树种			所在位置	估测树龄（年）	古树等级	树高（m）	胸围（cm）	平均冠幅（m）
	科	属	中文名						
110112A00097	豆科	槐属	槐	北京行政副中心交通枢纽	350	1	16.8	500	14.5

6.9.2.2 存在的问题

古槐0097根部裸露凸起严重，主干为敞开型树洞，树体轮廓缺失约1/3，木质部腐朽严重，长势衰弱。树冠枝条密集，枯死枝、断裂枝较多（图6-73），在强风等灾害天气影响下，存在主干折断的风险。

6.9.2.3 诊断结果

土壤板结、杂草较多，严重影响古树根系营养吸收；土壤检测发现土壤磷含量低；铁质支撑锈蚀，支撑托板已嵌入树皮组织内部，存在倒伏垮塌的安全隐患；主干为内部敞开式树洞，树体轮廓缺失约1/3。

图6-73　古槐复壮前

6.9.2.4治疗方案

（1）枝条整理

对树冠内枯死枝、断裂枝、病虫枝进行清除，对伤残、劈裂和折断的枝条进行整理（图6-74）。

（2）开挖放射沟

在树冠垂直投影范围内均匀挖设6条放射状复壮沟，每个沟内设置2个透气管。复壮沟规格长1 m、宽0.4 m、深0.5 m（图6-75）。选用腐熟的有机无机复合颗粒肥（$0.5kg/m^2$）、生物活性有机肥及微生物菌肥（用量按产品说明施用），将肥料和土壤拌匀后，填入放射沟内，与原地表齐平，并立即浇水。

（3）仿真树体支撑

重新找到支撑点，安装新支撑后，拆除原有支撑。新支撑用直径100 mm镀锌钢管作为支柱，上端与被支撑的主枝之间安装镀锌矩形曲面钢托板，厚度10 mm，托板上加橡胶垫，下端焊在用C25混凝土做的支墩预埋件上，支墩尺寸400 mm × 400 mm × 500 mm。定期检查支撑措施，当树木生长造成托板挤压树皮时适当调整位置。同时主干内部使用直径120 mm镀锌圆管做古树内部加固支撑（图6-76）。

（4）主干贯通树洞修复

对主干贯通树洞进行仿真修复，并设置顶端通风与底部排水，进行消毒杀菌、清腐防腐处理（图6-77）。

经过枝条整理、土壤改良、安装仿真支撑等一系列专业复壮措施的实施，古槐的生境明显得到了改善，枝繁叶茂，还降低了在极端天气影响下发生风折的安全隐患（图6-78）。

图6-74　枝条整理

图6-75　设置复壮沟

图6-76　龙骨制作及支撑加固

图6-77　树洞仿真修复

图6-78　古槐复壮后

6.10 怀柔区红螺寺濒危古油松抢救复壮实操案例

红螺寺坐落于北京市怀柔区怀柔镇，拥有近1800年的历史，是中国北方佛教的发祥地及最大的佛教丛林。寺内登记在册的古树多达3004株，占据了怀柔区古树总数的96.6%。寺内以古树林为主，其中油松为主要树种，是怀柔区古树的主要聚集地。

6.10.1 立地条件

怀柔红螺寺内，大殿下方消防通道旁有1株古油松。该株古树南侧紧挨硬化铺装，北侧为草坪绿地，长势十分衰弱（图6-79）。

6.10.2 存在的问题

怀柔区园林绿化局、古树名木专家共赴现场调查得出，古油松周边生长环境对其生长影响很大。首先，消防通道的硬化铺装影响根部的呼吸透气，其次，北侧的冷季型草坪绿地因频繁灌水，造成古油松根系产生涝害枯死。

6.10.3 诊断结果

6.10.3.1 生长环境问题

油松南侧为混凝土铺装，通气透水性差，导致根系呼吸、营养不足；北侧绿地中，夏季草坪浇水量较大，土壤含水量高，排水效果差（图6-80）。

图6-79 濒危油松生长环境

图6-80 硬化铺装与草坪影响

6.10.3.2 病虫害问题

经过调查发现，该古树病虫害危害情况十分严重，树干及树皮内发生松纵坑切梢小蠹危害。该古树树势本偏弱，易遭到钻蛀类虫害危害，导致树体水分、养分吸收受损，造成地上部分疏导养分不足、枝条生长缓慢、树势逐渐衰弱等问题。

6.10.4 治疗方案

采用开挖复壮沟、改造路面硬化铺装等方法。设置复壮沟是从特定位置挖沟，让地下的沟尽可能靠近根系需要营养的地方，能够创造根系再生的适宜环境；硬化铺装的改造主要有通过铺设倒梯形面砖的透气式铺装以及防腐木平台两种方式。本次方案采用新型复壮沟的开挖及路面铺装的形式，首先拆除几条原有的路面铺装，破除垫层后开挖复壮沟，置入透气管，上覆钢板恢复铺装的新形式。通过这种形式完成的复壮沟，能够保证复壮透气的效果，满足行驶消防车辆的通行使用（图6-81~图6-83）。

在北侧设置半径2m的半圆形围堰，围堰采用隔水板，深50cm，设置围堰时做好根系保护，避免伤及根系。最后，在树木围堰内覆盖有机覆盖物，保持透气性、吸附扬尘、调节土壤温度、抑制杂草、减少土壤侵蚀和紧实度、提升景观效果（图6-84）。

图6-81　拆除原铺装、垫层

图6-82　置入透气管土壤改良后覆钢板

图6-83　恢复铺装

图6-84　隔水围堰

6.11河北省内丘县扁鹊庙古树群立地生态环境恢复实操案例

河北省邢台市内丘县神头村扁鹊庙古树群保护复壮项目，工期：2015年9月23日至2015年12月22日；工程总量：古树侧柏12株，均为一级古树；施工内容：依照工程设计方案对古树进行树体支撑加固、树洞修补、树体修复、地下环境改良、立地生态环境恢复、古树避雷塔安装等。

6.11.1立地条件

古树生长在坡度较大、土壤贫瘠、水分不足的地方，立地条件复杂，生长环境恶劣。此外，山坡古树还面临山体滑坡、水土流失、雷雨天气等风险。

6.11.2存在的问题

包括土壤贫瘠、土壤含水量不足、地势陡峭导致根系不稳、山体滑坡和水土流失、病虫害侵袭、极端气候影响等。

6.11.3诊断结果

水土流失严重，导致古树根系裸露，这是一个亟待解决的问题。由于雨水冲刷、风吹以及水土流失等因素，古树的根系逐渐暴露在外，缺乏足够的土壤保护，使其容易受到外界环境的侵害。同时，人为践踏古树根系以及在古树周围堆放杂物等破坏性行为也加剧了这一状况。此外，古树树体倾斜严重，存在枝杈断裂及倒伏的风险，这不仅影响了古树的正常生长，更可能使其面临死亡威胁。

6.11.4治疗方案

6.11.4.1地下土壤改良

针对古柏地下环境的改良，采取了多项有效措施。其中，挖复壮沟是一项重要举措，有助于改善古柏根系的生长环境，为根系提供更充足的生长空间（图6-85）。另外，还增加了土壤透气管，以增强土壤的透气性，促进古柏根系的呼吸作用，进而提升其整体生长状况。

6.11.4.2枝条整理

针对古柏树冠的整理工作，通过搭设脚手架更好地开展枝条整理。通过精心修剪病虫枝、枯死枝（图6-86），增加树冠的通风透光条件，让古柏能够更好地进行光合作用，进一步提升其观赏价值，让古树焕发出新的生机与活力。

6.11.4.3树体修复

古柏树体修复是一项细致且关键的工作，涵盖了树体防腐与树洞修补两大方面。在树体防腐过程中，通过喷施环保高效的防腐剂，有效抑制病菌、害虫的滋生，延缓木材腐朽（图6-87）。针对树木因自然原因或外力损伤形成的空洞进行专业处理，通过清理、消毒、龙骨塑型、封堵等步骤，恢复树体结构的完整性，减少水分蒸发和病虫害侵入的风险，延长其生命周期。

6.11.4.4支撑措施

针对此类根基部腐朽或存在倾倒倾向的山坡古树，通过采取专业的“门”字形钢架支撑措施进行加固（图6-88）。这一精心设计的支撑系统，旨在有效稳固古树的根系，增强其抗风抗倒能力，从而预防枝杈因外力作用而断裂的风险。

图6-85　设置复壮沟

图6-86　枝条整理

图6-87　树体修复

图6-88 “门”字形支撑

6.11.4.5 围栏保护

为了既保护古树免受人为破坏，又彰显文化底蕴，为其量身定制围栏，在围栏上巧妙融入与扁鹊庙相呼应的文化符号。这一设计不仅赋予了围栏独特的艺术美感，还使其成为连接历史与自然的桥梁，既实现了对古树的有效保护，又通过其文化元素的展现，强化了公众对古树保护的重要意识（图6-89）。

6.11.4.6 工程措施

在山坡区域，特别是针对古柏根系裸露显著、水土流失问题严峻的重点地段，精心设计并实施了隐蔽式鱼鳞穴的设置方案（图6-90），并辅以砌垒拦蓄挡墙，以达成山体渗水、高效蓄水与滞水的多重生态目标。因地制宜进行鱼鳞穴的巧妙布局、专用营养土的回填（图6-91）及坚固挡墙的构筑（图6-92）等一系列综合工程措施，不仅拦截了古柏周边的地表径流，有效蓄积雨水资源，还显著减轻了该区域的水土流失现象，实现了保水、保土、保肥的全方位生态效益。

图6-89 文化围栏

图6-90 设置隐蔽式鱼鳞穴

图6-91 回填营养土

图6-92A 挡墙施工前后对比（施工前）

图6-92B　挡墙施工前后对比（施工后）

6.12 山东省孟府、孟庙、孟林古树群保护实操案例

山东省邹城市孟府、孟庙、孟林古树群保护项目，实施工期：2014年07月01日至2014年12月31日；施工内容：依据专家组对古树进行调研诊断后得出的结论和指导意见，针对古树（如侧柏、槐等）存在的实际问题，采用科学合理的施工工艺及绿色环保、符合要求的施工材料，对孟府、孟庙及孟林内共计8000余株生长衰弱、濒危及死亡的常绿树种与落叶树种，进行地上生长环境的整治和地下生长环境的改良，涵盖有害生物防治、树体防腐与修复、树洞修补、树体支撑加固、枝条整理、围栏安装及孟庙地表排水设施的建设等。

6.12.1 立地条件

立地条件较为复杂，有些古树主干腐朽形成树洞，部分古树因水分不足而生长受限，部分古树因水分过多而导致水浸，甚至造成根部腐烂。加之人为因素导致土壤质量下降、水分供应降低，最终树木逐年衰弱。

6.12.2 存在的问题

古树群的土壤存在养分不足、通气性差、排水不畅等问题，影响古树的正常生长；主干腐朽中空，树体轮廓缺失严重，无修复措施。

6.12.3诊断结果

树体腐朽问题：古树主干轮廓缺失严重，已形成枯朽开放性树洞，尚无修复措施。

地下土壤问题：营养吸收面积不足，根部土壤板结，周边地面为硬化铺装，通气透水性差；土壤检测结果显示有机质含量低。

6.12.4治疗方案

6.12.4.1表层土壤中耕

定期对古树周边的表层土壤实施精细中耕作业，旨在显著提升土壤的透气性与保水性，从而激发并促进古树根系的茁壮生长。此过程不仅优化了土壤结构，还通过物理手段有效清除了杂草与病虫害的潜在温床，进一步增强了古树的健康状态与抵抗力（图6-93）。

6.12.4.2设置复壮井

在古树适宜位置精心设置复壮井系统，井内填充专为古树设计的营养基质，构成一个微型的生态滋养站（图6-94）。这一创新举措不仅优化了古树根系的生长环境，还能持续供给生长所需养分。

6.12.4.3埋设土壤透气管

在绿地中的古树周围埋设土壤透气管，这些透气管如同自然界的“呼吸通道”，能够有效地引导水分与空气深入土壤深层，显著增强土壤的通气性与透水性。同时，对于古树周边覆盖有硬质铺装的区域，在铺装上打孔并设置透气管，打破传统硬质界面对土壤自然呼吸的束缚，进一步促进土壤与大气之间的气体交换（图6-95）。

图6-93 表层土壤中耕

图6-94　设置复壮井

图6-95　设置土壤透气管

6.12.4.4 树体防腐

古树树体因破损造成木质部腐烂甚至中空的，应进行防腐固化处理。用铜刷或铁刷刷除腐朽部位的杂质、浮渣，并喷洒2%~5%硫酸铜溶液、喷施多菌灵等杀菌剂进行伤口处理；伤口处理应清理至健康部位；在晴天、创面干燥的情况下，涂刷防腐固化液（图6-96）。

6.12.4.5 修补树洞

易进水、存水的树洞，如朝天洞、侧面洞，应封堵洞口，且结合树干纹理结构做仿真修复，达到修补如旧的效果，展现树木的古风古貌（图6-97、图6-98）。

图6-96　树体防腐

图6-97　修补树洞

图6-98 树干横断面仿真修复

古树名木保护与复壮实践

第7章

古槐迁地保护移植实操案例

古树是自然界和先辈留下的珍贵遗产，是生态文明建设的一扇窗口。每一株古树都是一个“活标本”，每一株古树都是一件“活文物”，具有极其重要的科研、文化、历史、人文和景观价值。随着城市规划的发展和变化，古树保护过程中遇到一些新问题，如古树生境发生不良改变、道路扩宽、市级以上重大工程项目建设等难以抗拒的客观因素，导致少数古树不得不进行迁地移植。因此，古树迁地保护移植技术就直接影响了古树后续的生存和发展。

古树移植成本大、技术要求高，如果操作不当会造成成活率偏低，甚至死亡，进而造成古树种质资源浪费，古树移植技术及复壮措施研究的必要性和迫切性不言而喻。2022年12月中旬至2023年1月中旬对北京市东城区需要迁地保护移植的2株古槐（代号分别为780、784）进行了实地调研，创新采用树木雷达波探根、应力波空洞检测等先进技术对古槐进行一系列的诊断，结合得出的诊断报告，编制移植方案，在此基础上，经专家论证，形成“一树一策”的移植方案，最终依法通过审批，实施迁地保护移植。通过2株古槐迁地保护移植的成功案例，为国家重点工程涉及的古树依法依规迁地保护移植提供技术参考。

7.1 古槐原状及新植地环境

古槐780位于北京东城区，树干东侧距通行道路（沥青路）3.9 m。古树树冠垂直投影下，共有乔木3株、灌木9株。古树迁地保护种植在绿地内，绿地内的树木外移，新栽植地位置距离原位置西侧26 m，树冠下无其他树木。

古槐784位于北京东城区，生长于狭长绿带中，绿带宽度为2.4 m。古树迁地保护种植在绿地内，新栽植地位置距原位置西北侧85m，树冠距离新建南楼12.4 m，距离新建道路4.2 m。古槐的现状调查信息见表7-1。

表7-1　古槐现状调查信息

代号	树种	胸径（cm）	胸围（cm）	树高（m）	平均冠幅（m）
780	槐	109.9	345	27	26.7
784	槐	75.8	238	21	16.9

7.2 迁地保护难点分析

7.2.1 树龄、规格、移植木箱超大

古槐780树龄约380年，枝干伸展长，树冠内枝叶密集。从施工难度和技术层面来讲，此次迁地保护古槐树龄、木箱规格创下现有文献记载的移植新纪录，实际木箱规格为580 cm × 580 cm × 188 cm，箱底面积为530 cm × 530 cm。

古槐784树龄约140年，枝干伸展长且向南倾斜，树冠内枝叶密集，加上地下管道等影响，实际木箱规格为446 cm × 346 cm × 186 cm，箱底面积为430 cm × 330 cm。

7.2.2 枝干存在空洞，折断风险高

古槐780树干基部从下往上50 cm、100 cm和130 cm处的树干横截面空腐率分别为56%、25%、4%（图7-1），表明空腐率随着树干向上有逐渐降低的趋势。按照《城市树木健康诊断技术规程（DB 11/T 1692）》树干空腐率判定依据，表明该株古槐树干基部空洞程度达到重度风险，在移植吊运过程中存在干基部折断的风险。

图7-1　树干空腐检测及其结果

7.2.3 施工难度大

木箱移植工程造价高，尤其超大规格的箱体移植。古槐780掏底过程中遇到三七灰土层等建筑垃圾（图7-2A），占箱底总面积的2/3，致使掏底难度加大。古槐784南北两侧、西侧均有废弃的地下管网和砖砌结构（图7-2B），导致木箱移植掘苗及包装的难度加大。

项目工期较紧。古槐移植在冬季，大量的动土作业都使用机械开挖，同时针对裸露的根系及回填的土壤采取必要的防寒措施，增加了施工的成本。

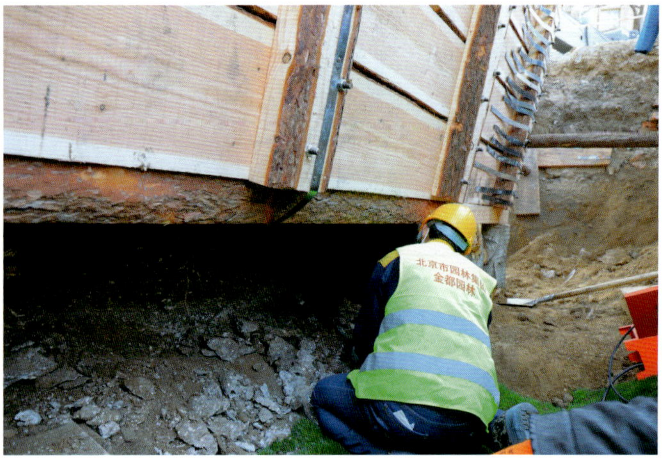

A. 三七灰土层（古槐780）

B. 地下管网和砖砌结构（古槐784）

图7-2　根部的土壤环境

7.3 古槐迁地保护移植技术体系构建

参考《古树名木保护复壮技术规程（DB 11/T 632）》和《大规格苗木移植技术规程（DB 11/T 748）》的技术要求，结合古槐的现状生长特点，归纳整合国内外大规格树木及古树移植现有的技术与方法，构建包括移植前准备→掘苗、包装及吊运→栽植→移植后复壮等关键环节的技术体系，以保证古槐移植成活及施工安全，还原古树风貌。

7.3.1 移植前准备

7.3.1.1 枝干空洞及地下根系分布检测

2株古槐枝干从外观观察，整体良好，无损伤、无明显孔洞。根据前人的经验，古槐通常“十槐九空”，为确定古槐枝干的空腐情况，利用应力波检测仪对2株古槐进行空洞检测分析，发现树干和侧枝均存在不同程度的空洞情况。采取方木保护支撑树体主干、修剪减重等措施，防止干基部折断。

为最大限度地保护古槐根系，运用TRU树木雷达检测仪（美国）对古槐地下根系分布情况进行圆圈和直线扫描检测。对古槐780的检测结果表明：距离主干半径3.9 m范围内根系分布集中（图7-3A）。对古槐784检测结果表明：距离主干北侧1、2 m处根系分布密集，在北侧树冠投影4.5 m处根系仍有分布；南侧距离主干3.2 m处根系分布较为均匀，6 m处根系分布稀少（图7-3B）。结合2株古槐根系数量分布的探测结果（图7-3A、7-3B），加上古槐根部土壤环境现状（图7-2），确定木箱的规格尺寸。

7.3.1.2 树冠整理

因2株古槐均高达20多米，故采用高车进行修剪，邀请树木修剪专家进行现场全程指导。按照专家论证意见，在保证施工安全和迁地保护成活的基础上，采用高空作业车进行树冠整理减重，修剪量不能超过树冠的1/4，保留1~4级分枝，修剪5级及以上分枝。所有剪锯口应修剪光滑，并安排1人涂抹伤口保护剂。

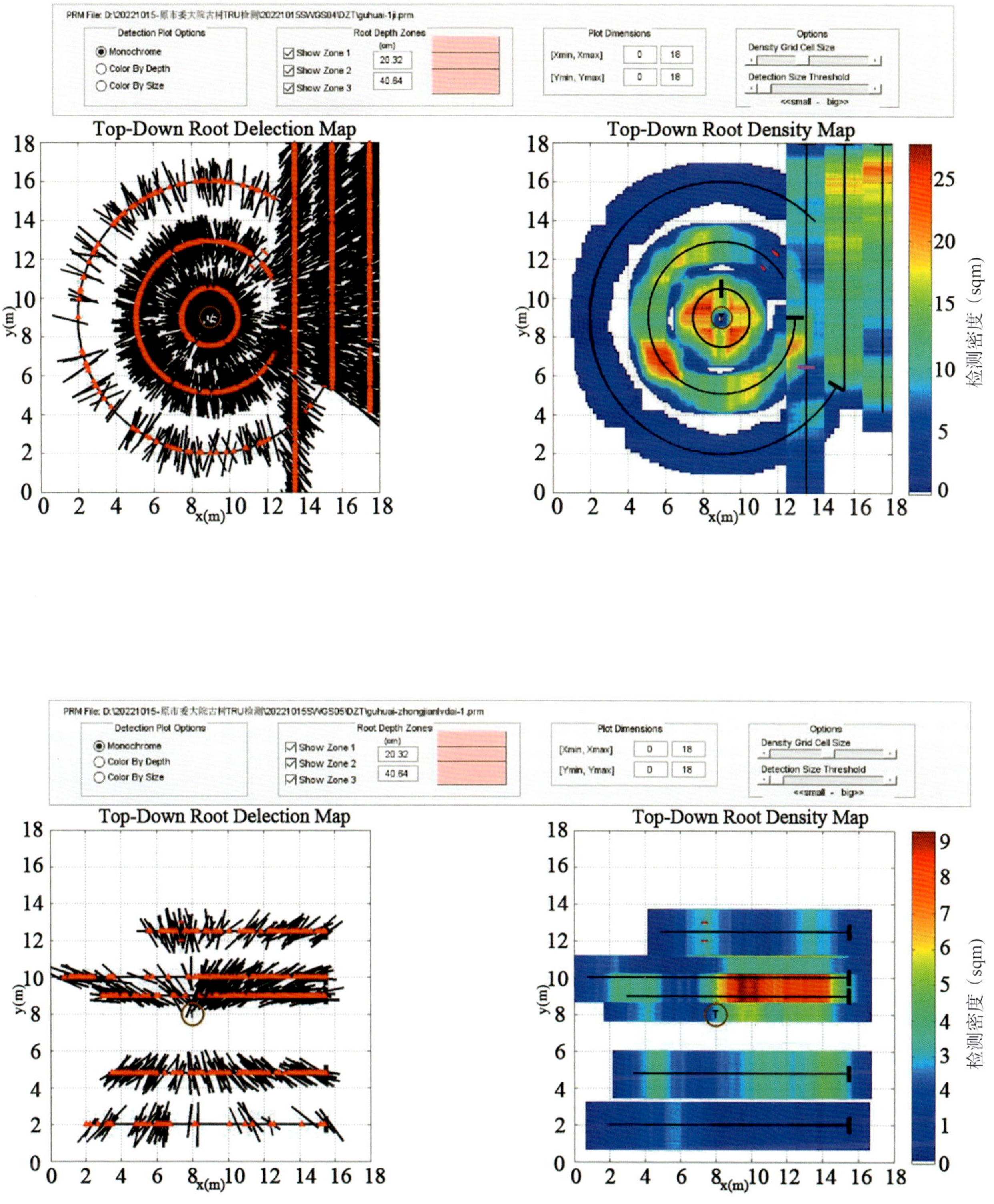

A. 古槐780　　　　　　　　B. 古槐784

图7-3　地下根系分布俯视图、密度图

7.3.1.3 树干保护

经应力波检测到古槐780主干内有较严重的空洞现象，安排2人在主干外侧使用35根长300 cm、横截面积为10 cm × 10 cm的方木保护，在方木上、中、下位置用三道宽5 cm、厚0.5 cm铁箍箍紧进行主干保护。为防止在施工过程中碰伤树木枝干，用草绳、扎绑绳和无纺布缠绕裹干。

7.3.1.4 木箱移植模型及材料

为保证吊运的安全性和稳定性，根据专家论证意见，制作了2株古槐的移植木箱及吊装模型（图7-4）。由于古槐780移植木箱经测算达到近百吨，为防止吊装箱体变形，创新研发了“井”字形工字钢托架（长 × 宽=580 cm × 300 cm）（图7-5）。

7.3.1.5 移植工具及材料准备

移植工具及材料包括：镀锌钢管、工字钢、木板（黄花松）、支撑横木、垫板、方木、杉篙、圆木墩、铁皮条（铁腰子）、蒲包片等20余种。工具包括油锯、手锯、木工锯、油压千斤、铁锹、小板镐、紧线器、钢丝绳、尖镐、铁锤、斧、小铁棍、冲子、剁子、鹰嘴扳子、起钉器等30余种（图7-6）。

针对园区土壤密实度大、透气性差、有机质含量低、pH值接近强碱性（pH值 > 8.5）等问题，通过测土配方研制了古槐土壤改良基质，精心定制竹筒透气管代替塑料透气管，采用通气透水施工工艺，改善土壤结构，促进古槐根系活力快速恢复。

图7-4　移植木箱及吊装模型

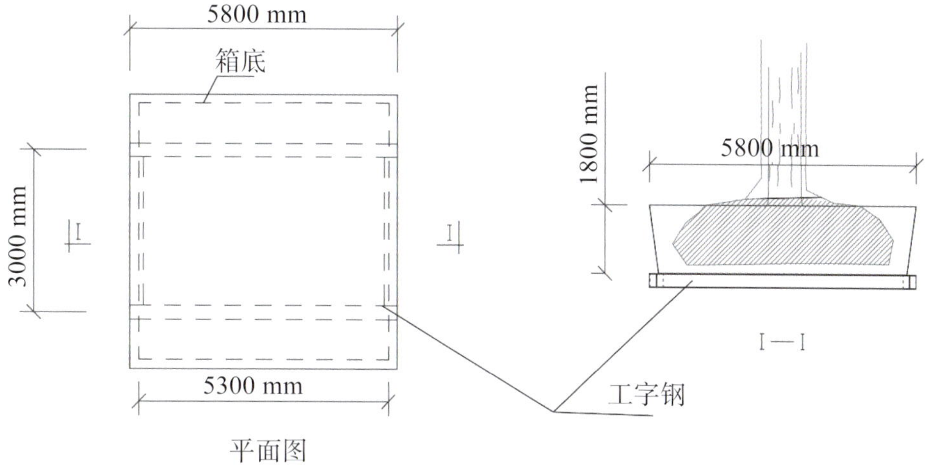

图7-5 井字形工字钢托架平面图及制作

7.3.2 掘苗及包装

7.3.2.1 去宝盖土

将距离树中心700 cm × 700 cm范围表面覆盖的浮土清理干净，深度为10~30 cm，至接近表层树根为止，最后做成表面四角在同一水平面上。

7.3.2.2 放线

以树干为中心，划出560 cm × 560 cm的正方形土台范围线，然后在土台范围外100~150 cm处再划出正方形白灰线，560~760 cm位置为操作沟范围。

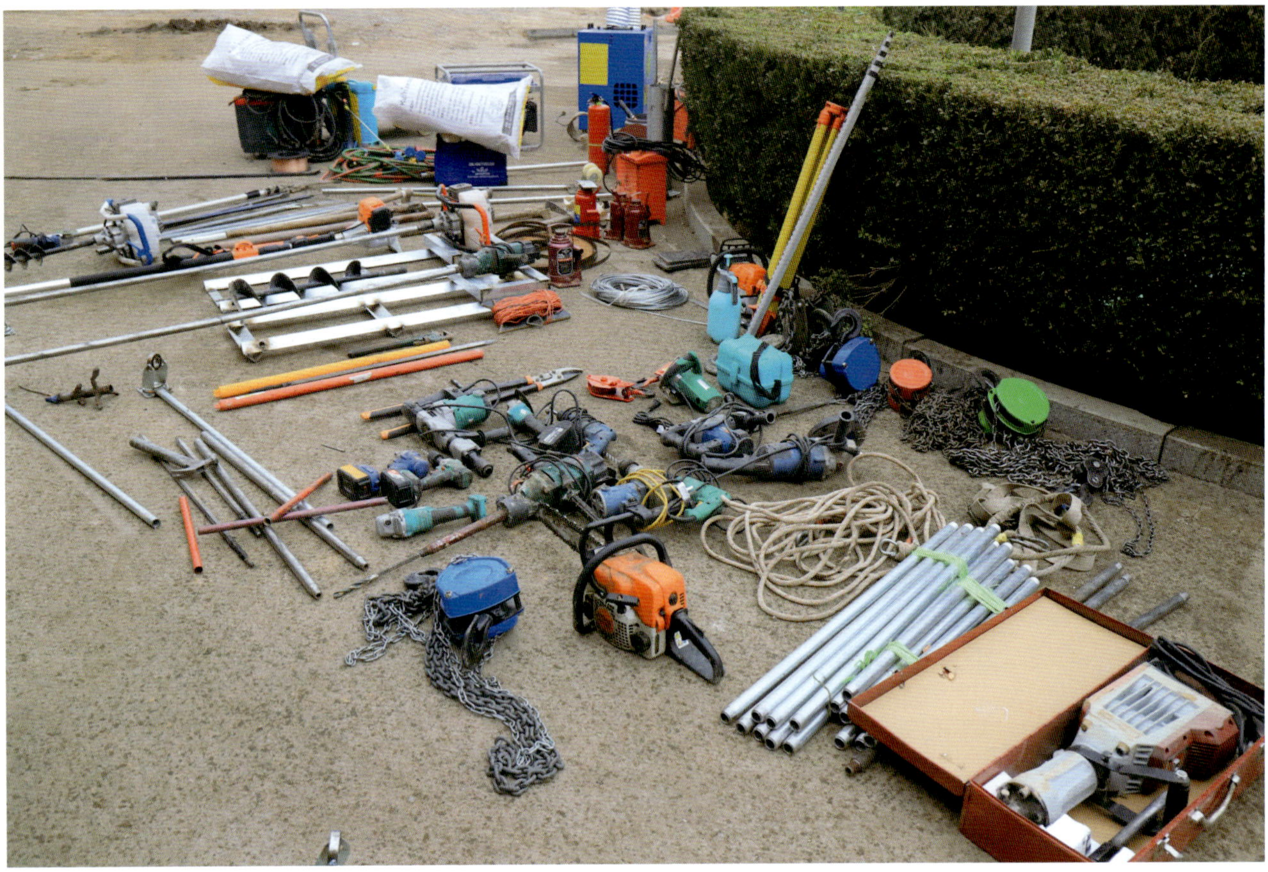

图7-6　移植工具及材料

7.3.2.3 树木支撑

支撑管选用直径15 cm、壁厚0.5 cm的镀锌钢管，镀锌钢管长度为900 cm。采用5根进行支撑，支撑管之间采用6根长500 cm钢管做可靠连接，使5根支撑管连接成一个整体结构，支撑管上端捆在第一主分枝点的基部。

7.3.2.4 开挖边沟

沿白灰线向下开挖工作沟，采用机械配合人工挖土，沿560 cm~760 cm范围内下挖，先挖至160 cm深，遇粗根时，应用手锯锯断，并涂抹伤口愈合剂，不可用铁锹硬切，以免散坨。将工作沟边的土及时清理到工作沟2 m以外区域，不得让沟边的土壤下落到工作沟中。

7.3.2.5 修整土台

在工作沟开挖达到120 cm深时进行土台的修整工作，按拟定土台规格将土台四周修整齐，突出土台的根系应使用手锯锯断并涂抹伤口愈合剂。土台形状与边板形状一致，呈倒梯形，尺寸应稍大于边板规格，四周均应较箱板大5 cm，土台面平滑，以保证箱板与土台紧密靠紧。

7.3.2.6 上边板

土台修好后，使用厚度10 cm木箱侧板，贴立边板时靠紧，如有不紧实之处应随之修平，边板中心要与树干成一条直线，不得偏斜。首先土台四周用蒲包片包严，然后用预制好的厚10 cm的木箱侧板进行包装，边板上口应比土台上顶低2 cm，边板靠紧对齐后用支撑管将箱板临时紧固住。

边板靠紧后分别在距离上下沿15~20 cm处用两道钢丝绳捆紧。两道钢丝绳接口分别置于箱板的两个相对的方向（东对西或南对北），钢丝绳接口处套入紧线器挂钩内，紧线器应稳定在箱板中间的带板上。

7.3.2.7 钉箱板

将钢丝绳收紧后，在箱板四角交接处钉铁板条，最上、最下两道铁板条各距箱板上下口5 cm，中间每隔8 cm钉一道铁板条，钉箱板时应钉牢，钉子稍向外倾斜钉入，以增强拉力；钉子不能弯曲，弯曲的钉子应拔掉重新钉。每条铁板条应有2对以上的钉子钉在带板上。箱板与带板之间的铁板条应拉紧。

7.3.2.8 掏底、上底板

掏底上底板为重中之重，危险系数极高。在掏底施工前，使用挖掘机在南、北及西侧边坡中心位置分别挖一条宽为100 cm的通道，便于施工人员作业。现场安排一台100t的吊车，用数根吊带拴住树体的中上部或者箱体中部，用以牵引树体本身，保持树体的平衡，防止掏底时出现土壤局部塌陷，造成不必要的安全隐患。安排25t的吊车辅助配合吊运厚1 cm、长600 cm底板安装。

加深边沟：钉完箱板以后，沿木箱四周继续将边沟挖深60 cm，从相对两侧同时向土台内进行掏底。

横木支撑边坡支护：在掏挖底之前，为保障操作人员安全，应在四面箱板上部，用4根横木（400 cm × 30 cm × 20 cm）支撑，横木一头顶住坑边（坑边先挖一小槽，槽内立一块小木板做支垫，将横木顶住支垫），横木的另一头顶住木箱带板，用钉子钉牢，边坡支护安全后，检查无误后再掏底。

掏底：每次掏底宽度要和底板宽度相等，掏完一块板的宽度后应立即钉上一块底板。底板间距基本一致，宜在10~15 cm。冬季施工时应对已完成的掏底及未完成的部分采取保温措施。

掏中央底板：掏中心底时需要先挖坑道，以保证遇危险时掏底人员可以躲避在坑道中，确保掏底人员的人身安全。掏中央底板时，底面中间应稍向下突出，便于收得更紧，掏底时如遇粗根，用手锯锯断，树根断口凹陷于土内，以免影响底板收紧。

7.3.2.9 上盖板

先将表土铲、垫平整，使中间部分稍高于四周2 cm，表层有缺土处用潮湿细土填实，土台应高出边板上口1~2 cm，土台表面铺一层蒲包后，上板长度应与边板外沿相等，不得超出，上板放置的方向与底板交叉，依次在上面钉盖板，上板间距一般为15 cm，且分布均匀。盖板完成后，木箱底部穿2根钢丝绳，用紧线器绷紧，紧紧固定好木箱的地板和盖板，与水平方向的两条钢丝绳呈“井”字形布置，牢牢地捆住木箱。

7.3.3 吊装及运输

古槐780新位置距离原位置西侧26 m，经测算吊装质量约104.0 t，采用500 t吊车。古槐784树木迁地保护距离约85 m，经测算吊装质量约49.1 t，采用300 t吊车。考虑到现场土壤的密实度无法满足吊车的工作需求，需提前租用厚2 cm、长 × 宽为600 cm × 220 cm的钢板铺垫施工现场，吊车提前进入铺设好的钢板区域进行碾压，保证吊车车身平衡。

吊栽古槐780时，根据吊车自身位置、吊臂的长度，将吊车、树的位置与将要新栽植位置三点大约成一等腰三角形，一次性将树木吊运到指定的位置，使用500 t吊车用4根高吨位的钢丝绳（定制）兜住工字钢吊环。将钢丝绳的另一头扣在吊钩上，起吊过程中注意吊钩不要碰伤树木枝干，同时利用100 t吊车吊住树头，防止树头倾斜。2吊车同时指挥作业，注意不要扭动，减少古树折断的风险。500 t吊车采用“井”字形工字钢托架1次吊运古槐780至新栽植位置（图7-7A）。古槐784吊运至平板拖车上，运输至西北侧85m处新栽植区域（图7-7B）。

7.3.4 栽植

栽植方木箱树，定植种植穴为正方形，每边比木箱宽200 cm，土质不好的地方还要加大。栽植时回填至坑内及土球四周，坑的深度应比木箱深50 cm，坑内中间位置400 cm × 400 cm范围内首先回填厚20 cm级配碎石（粒径4~6 cm），碎石上铺设土工布滤水层，滤水层上铺设混合好的每立方10%的凯茵古树复壮改良基质作底肥，坑中央堆一个高50 cm、宽350 cm的正方形土台，以便拆除底板和工字钢井字架。在吊树入坑时，注意吊钩不要碰伤树木枝干，慢慢放在坑内土台上。按照树干已标定的南北方向，使其移栽后仍能保持原方位。

A. 古槐780“井”字形工字钢托架吊运

B. 古槐784吊装及平板车托运

图7-7　吊装及运输

7.3.5 支撑

古树落稳后，100t吊车的吊绳暂时不撤，安排5个技工和5个普工快速拆除工字钢井字架，同时用8个支撑木墩支在木箱底板上。

栽植后先扎绑6~8根长600 cm的杉篙做临时支护，树木支撑稳定后，即可拆除木箱的上板及所覆盖的蒲包，底板能拆除的尽量拆除。待浇第一遍水前，将支撑管改用直径15 cm、壁厚0.5 cm的镀锌钢管支撑，镀锌钢管长度要达到900 cm。用5根镀锌钢管进行永久支撑，支撑稳固后，迅速浇灌水，因为冬季施工，要求一次性浇足浇透，防止土壤水分结冰形成冻层。

7.3.6 复壮

“三分种，七分养”，栽植中的复壮措施及栽后养护管理是后期古树活力快速恢复的关键。古槐复壮及后期养护按照《古树名木日常养护管理规范（DB 11/T 767）》技术要求执行，移植后的养护期为22个月。

7.3.6.1 施用土壤改良基质

按古槐土壤改良基质与生境土体积比1：10混合拌匀，分层回填，每20~30 cm填一层，层层夯实，确保栽植牢固，填土夯实至地平为止。

7.3.6.2 通气透水

在古槐土台外围螺旋状埋设通气渗灌管（直径8 cm的软式透水管）2圈，螺旋渗灌管的间距以40~50 cm为宜。根据古槐土台的大小，每个土台外侧面设置4~6根空型竹筒透气管（直径10 cm），外包无纺布，管壁有孔，透气管内填充适量有机覆盖物。在地势低的一侧设置2根长200 cm的中空型下端30 cm带渗水孔的PVC管（直径20 cm）。

在种植完成后，沿种植穴边开双堰并浇水。冬季迁地保护施工后在12:00~14:00浇第一遍水，浇足浇透。浇水应缓浇，不得大水冲灌。遇到堰内土壤塌陷，及时回填。

7.4 结论

古树移植是一项系统工程，移植前准备、掘苗、包装、吊运、栽植及栽植后复壮等各工序应按施工技术标准进行质量控制，才能保证古树移植成功。因市级以上重点工程建设等特殊情况经依法批准确需迁移的古树名木，采用传统的平移法存在耗时长、投入大，安全性低的弊端。该项目基于对2株古槐的生境及其枝干空洞和地下根系分布状况的系统分析，建立了移植前准备→掘苗、包装及吊运→栽植→栽植后复壮等全过程移植技术体系。创新采用树木雷达波、应力波等先进诊断技术，尽可能保护古槐根系，降低枝干折断风险；研发了新型“井”字形工字钢托架吊运技术；应用自主研发的古槐土壤改良基质及通气透水系统集成技术，有效解决了古树移植成活率低、移植后生长势弱的难题。该项目提出的古槐迁地保护移植方法，克服了建筑平移法的缺陷，其移植技术可操作性强，复壮工艺先进，兼具成本低、耗时短、安全性高的特点；在确保移植成活的同时，新生枝条数量多，叶片深绿，移植9个月后长势良好（图7-8）。

A. 古槐780

B. 古槐784

图7-8　移植后的成活效果

7.5展望

古树迁地保护，作为一项高度复杂的生态环境保护工程，其技术难度极高，要求我们始终保持极高的谨慎与专注。为确保古树安全迁移，依托精细化的移植技术流程，结合现代树木诊断技术及尖端装备，精心制定出严谨科学、切实可行的保护方案。在此过程中，园林绿化及城市管理综合执法部门将全程监督、指导，并对移植后的古树生长状态进行长期、细致的监测，确保古树在新的环境中茁壮成长。这一举措不仅是对古树生命的深切尊重与呵护，更是对自然生态和历史文化的珍视与传承。

展望未来，古树迁地保护的研究与实践将持续深化，不断探索更为先进、高效的技术手段，以更积极的姿态推动古树的保护与传承。这些努力旨在确保历史与自然的瑰宝得以永续传承，为后代留下宝贵的生态财富。

古树名木保护与复壮实践

第8章

古树名木复壮工程监理

8.1 监理工作意义

当前，古树名木保护复壮施工队伍在整体技术能力和专业人员素质方面存在显著差异。古树名木保护复壮项目本身具有隐蔽工程内容繁多、实施难度大、技术复杂等特点。因此，监理人员需依靠自身深厚的专业技术功底和丰富的管理经验，针对古树名木保护复壮项目的具体特点，有针对性地制定监理工作方案，确保项目在质量、进度、投资、安全、文明施工及环保等各个方面都能实现预期目标（图8-1）。同时，有效防止施工企业进行随意或盲目的施工行为，确保施工行为的合法性和经济性，从而为建设方提供专业、可靠的监管服务。

图8-1　监理人员进行古树调查

8.2 监理工作概述

自2016年起，我公司监理事业部便开始实施古树名木保护复壮工程监理业务，至今已累计完成了包括槐、枣树、榆树、桧柏、银杏等在内的19个树种、总计1752株古树的复壮监理工作。这些工作涵盖了故宫博物院、孔庙（国子监）、国务院招待所、南观音寺等重要地点，以及海运仓古树社区、花市枣苑等备受居民关注的居民小区内的著名古树。我们的工作赢得了建设方、相关单位、周边居民及施工单位的一致好评和高度赞誉，充分展现了我公司在古树监理业务上的卓越水平和专业能力。古树名木保护复壮监理工作汇总，详见表8-1。

表8-1　古树名木保护复壮监理工作汇总

年份（年）	数量（株）	古树名木树种	重点区域及重点古树	主要复壮措施
2016	58	槐、榆树、枣树、桧柏	倒树砸人等安全隐患极大的古树、东城区重点街道、小区居民房屋夹缝等施工困难的古树、市民强烈要求的古树、国家重点单位内的古树	通气孔（穴）、修补树穴、围栏或警示牌、支撑或拉纤、树池砌筑
2017	130	槐、枣树、银杏、侧柏、黄金树、榆树、元宝枫、栾树、桑树等		
2018	152	槐、丝棉木、楸树、皂角（皂荚）、枣树、酸枣树、榆树等	存在较大安全隐患的古树，公安部、外交部、最高人民法院、空军司令部等国家重点单位内的古树	树冠整理、树洞修补、支撑加固、围栏保护、树体拉纤、土壤改良、通气孔设置、围台保护
2019	170	槐、楸树、黄金树、元宝枫、白皮松、侧柏、栾树、枣树、银杏、榆树等	北京天文馆古观象台、纪念堂、钓鱼台国宾馆、明城墙遗址公园、中组部、商务部等	
2020	170	槐、枣树、银杏、侧柏、楸树、丝棉木、酸枣树、桧柏、榆树、桑树等	东城区教委、孚王府、社科院、药物鉴定所等	树冠整理、树洞修补、土壤改良、支撑加固、围栏保护、复壮穴设置
2021	375	槐、银杏、雪松、白皮松、桧柏、枣树、酸枣树、榆树、桑树等	外交部、国务院招待所、正义路、柏林寺、明城墙遗址公园等	
2022	280	槐、苦楝、侧柏、桧柏、银杏、枣树、榆树、白皮松等	孔庙和国子监博物馆、孚王府、北京天文馆古观象台、北京市委、国管局、机械部、钓鱼台国宾馆等	树冠整理、树洞修补、土壤改善、支撑加固、树体防腐、围栏保护、复壮穴设置
2023	417	楸树、槐、枣树、榆树、桧柏、蝴蝶槐、白皮松等	故宫博物院、孔庙和国子监博物馆、文天祥祠、地坛公园等	
合计	1752	19个		

8.3 监理工作依据

（1）《建设工程监理规范（GB/T 50319）》；
（2）《城市古树名木养护和复壮工程技术规范（GB/T 51168）》；
（3）《古树名木复壮技术规程（LY/T 2494）》；
（4）《园林绿化工程施工及验收规范（DB 11/T 212）》；
（5）《园林绿化工程监理规程（DB 11/T 245）》；
（6）《古树名木保护复壮技术规程（DB 11/T 632）》；
（7）《园林绿化工程资料管理规程（DB 11/T 712）》；
（8）《古树名木日常养护管理规范（DB 11/T 767）》；
（9）建设方提供的古树名木复壮工程地点、内容及造价标准；
（10）古树名木保护与复壮项目的监理合同、施工合同及相关协议书；
（11）与古树名木保护与复壮安全、文明施工相关的规定。

8.4 监理工作目标

包括古树名木保护复壮项目建设过程的质量控制、进度控制、投资控制、安全文明环保管理、信息管理、合同管理以及协调各单位之间的工作关系，全面实现监理目标。

8.4.1 质量控制目标

工程质量符合施工合同、工程技术文件和施工质量验收标准的要求，执行国家和北京市现行的有关规范和技术标准，保证质量验收合格，把项目实体、功能、使用价值以及使用者的满意程度都列入质量目标管理范畴，在工程项目开始之前，明确目标，制定措施，确定工作流程，选择方法，落实手段，重点做好对施工单位人员安全、机械、材料、方法、环境等的控制，在实施过程中，及时发现和预测问题并采取相应措施加以解决，严格执行检查和验收制度，找出质量问题并及时要求施工单位整改，最终达到项目的质量要求等级（图8-2）。

8.4.2 投资控制目标

在保证质量和进度的前提下，投资额原则上不超过施工合同约定的合同价款。对于工程中可能出现的工程变更、不可预见事件，通过监理工程师的有效工作，及时做好预控工作，将可能发生的投资变更控制在合理范围之内。

8.4.3 进度控制目标

以签订的建设工程施工合同为依据，监理进度控制工作以完成进度安排，按期竣工为目标。通过审核施工单位的施工计划，监督施工进度的实施，及时督促施工单位调整进度计划，控制各阶段工期；同时配

图8-2 监理人员进行古树复壮后的质量验收

合建设单位，力求在保证质量和造价科学合理的前提下，提出缩短工期的合理化建议，尽可能加快工程建设进度。

8.4.4 安全文明环保管理目标

在工程实施过程中，对施工单位安全文明环保施工进行监督管理，消除施工过程中的安全隐患，避免安全事故的发生。督促施工单位进行安全教育和安全检查，对安全事故易发、多发的工序，做好预控工作。对发现的施工现场安全隐患，监督施工单位立即整改，确保不发生安全事故。

8.4.5 合同和信息管理目标

监理机构和监理工程师依据建设单位与施工单位、材料、设备供应商、相关单位等签订的合同进行施工组织管理，通过合同体现质量、进度、投资和安全文明环保管理的任务要求，维护合同订立双方的正当权益。通过建立以项目监理部为处理核心的信息管理中心，协调项目建设单位、施工单位、相关单位、监理单位等项目参建各方之间信息流通，收集来自外部环境各类信息，全面系统处理后，为整个古树名木复壮保护项目建设提供服务。

8.4.6 组织协调目标

协调参建各方关系，使项目系统内各子系统、各专业、各工种资源在时间、空间上实现有机配合，为顺利实现工程质量、造价、进度、安全文明环保施工等目标提供保障。

8.5 监理工作内容

以“东城区‘中国最美酸枣树’古树保护及复壮（监理）项目”为例，阐述在古树名木保护复壮监理过程中的重点工作内容（图8-3）。

图8-3　中国最美酸枣树

8.5.1 施工准备阶段的监理工作

8.5.1.1 熟悉项目背景

项目监理机构收集工程项目整体项目概算、施工合同、施工招标文件、施工投标清单等资料，了解工程特点、特殊工序及难点部位，掌握古树名木保护复壮项目对工程质量和技术的相关要求。

8.5.1.2 编写监理规划和监理实施细则

该古树的保护复壮工作在古树名木保护复壮中具有代表性，本着以专业实力实践爱护古树的理念，以及科学合理的保护复壮应专树专方案不能千篇一律的原则，监理工程师根据古酸枣树树种习性和实际生长情况，制定了古酸枣树保护复壮监理规划和监理实施细则，细化保护复壮施工全过程中的重要监理实施细节及措施的实操性，保障更高质量地完成古树保护复壮工作。

8.5.1.3 审核施工组织设计（施工方案）

针对古树的保护复壮方案不能千篇一律，施工单位应按照《古树名木保护复壮技术规程》等标准和“一树一策”的原则编制复壮方案。监理工程师审核施工单位提交的施工组织设计和专项施工方案，多次提出修改意见，并监督施工单位不断进行方案优化，经园林绿化部门组织专家论证后实施。

8.5.1.4 审查施工单位质量、安全保证体系

检查施工单位项目经理部的组织机构设置及人员的分工、职责是否适应古树名木保护复壮项目的管理需要。

8.5.1.5 组织监理交底，明确会议制度

总监理工程师（代表）对施工单位进行监理交底，明确监理依据、监理程序、有关报审报验要求及工程资料管理要求，介绍建设单位授权情况及参与工程预验收和结算审查等工作，制作交底记录（表8-2）。

表8-2 监理机构内部交底记录

监理机构内部交底记录		交底日期	
工程名称			
交底范围	市场营销交底/合同交底/安全交底/专业工程交底		
交底内容：			
审核人（总监）			
交底人（专监）			
接受交底人（监理员）			

在监理交底会议上明确监理例会制度，研究确定各方在施工过程中参加工地例会的主要人员，召开工地例会周期、地点及主要议题。

8.5.1.6 查验开工条件，签发开工令

施工单位认为施工准备工作已经完成，具备开工条件时，向项目监理机构报送开工报审表及相关资料，项目监理机构审查合格后，签发开工令。

8.5.2 工程质量控制工作

8.5.2.1 物资报验

要求施工单位在开工前梳理古树名木保护复壮过程中需要使用的材料、设备、构配件及机械，制定物资、机械进场计划，明确物资查验、材料认样封样或复试要求；审核施工单位报送的拟使用的物资报审表及其质量证明资料。确保符合标准要求，才允许进场使用。

8.5.2.2 巡视

施工过程中监理人员每日对古树名木保护复壮的实施过程进行巡视检查（图8-4），发现工程质量不符合标准要求或者存在损害古树名木行为的情形时，要求施工单位按规定及时处理，同时监理人员应将相应巡视内容记录在监理日志和监理月报中。

8.5.2.3 旁站

对土壤改良、根系诱导、病虫害防治等隐蔽工程的施工和古树树冠整理等危险性较大的施工，监理人员进行连续旁站监控检查，发现问题及时要求施工单位整改，做好旁站记录，统计旁站台账（表8-3）。

图8-4　监理人员进行古树巡视巡查

表8-3　旁站计划及实施台账

工程名称									
旁站计划					旁站实施				
分部工程	分项工程	旁站部位或工序	检查项目	质量要求	旁站开始时间	旁站结束时间	发现问题	处理情况	旁站监理人员

8.5.2.4 过程验收

随身携带钢尺、塞尺等质量检验工具，每天随时获得实际的质量数据并进行记录，对所发现的质量问题及时要求施工单位进行整改。在施工单位自检合格的基础上，监理单位对隐蔽工程检验批、分项、分部和单位工程进行验收，并保存好质量验收资料。

8.5.2.5 质量缺陷和质量事故处理

在该株古酸枣树的保护复壮过程中，对发现的质量问题，监理工程师及时与建设单位进行沟通汇报，视严重程度技术采取相应处理措施。

8.5.3 工程进度控制工作

8.5.3.1 审核进度计划

结合古树名木复壮工程受政治、天气等多方面因素的影响，针对性审核施工单位报送的施工进度计划，确保符合施工合同中对工期的要求，做到主要工程项目无遗漏，满足分批使用的需要，阶段性进度计划满足总进度计划目标的要求。

8.5.3.2 进度计划的实施监督

项目监理部依据总进度计划，对施工单位实际进度进行跟踪监督检查，实施动态控制，及时纠偏。在监理日志中如实记录工程进度控制情况。

8.5.3.3 工程进度计划的调整

当发生实际工程进度严重偏离时，项目监理机构进行原因分析，及时上报建设单位，并协调各方召开专题工程进度会议，研究解决问题的措施、方法，要求施工单位采取相应措施，并督促整改落实。

8.5.4 工程造价控制工作

8.5.4.1 工程造价的控制方法

审核施工单位上报的资金使用计划是否合理，动态检查工程计量和工程款支付的情况，对已经计量的

工程量与相应的投标清单进行比较、分析，及时收集、整理有关的施工和监理资料，为处理费用索赔提供证据。

8.5.4.2 计量已完工程量

对施工单位申报的工程量进行现场计量，按照施工合同的约定审核工程量清单，必要时与施工单位协商，由专业监理工程师进行签认，对报验资料不全、与合同文件约定不符、未经专业监理工程师质量验收合格或者有违约的工程量不予计量和审核。

8.5.4.3 审核工程款支付

在施工过程、竣工、结算等阶段，认真研读分析施工合同约定的工程款支付条件，当施工单位提出工程款支付申请时，审核施工单位的支付报审表、工程量确认单、洽商、变更等资料，要求计量准确，依据充分，逻辑合理，计算正确。

8.5.5 安全生产管理

8.5.5.1 危险源辨识和隐患排查

督促施工单位在施工过程中对有安全隐患的危险源进行辨识与评价，将重大危险源和易发生安全事故的施工工序或环节作为安全控制的重点，要求施工单位针对这些控制点事先制定预控措施或应急预案。对重大危险源，应作明确标识和悬挂警示牌。

8.5.5.2 安全过程控制

审查施工单位现场安全管理体系是否符合施工合同、施工需要等相关规定；项目监理机构每天对施工现场进行安全检查，并将检查结果记录在监理日志中。

8.5.5.3 安全隐患、事故管理

项目监理机构在实施监理过程中，发现工程存在安全事故隐患时，签发监理通知单，要求施工单位整改；情况严重时，及时报告建设单位；施工单位拒不整改或不停止施工时，及时向建设单位报送监理报告。

8.5.6 合同管理

监理工程师采取预先分析、调查的方法，经常跟踪合同执行情况和了解施工中存在的问题，及时通过工作联系单或监理通知单督促和纠正施工单位不符合合同约定的行为，提前向建设单位和施工单位发出预示，防止偏离合同约定事件的发生。

8.5.7 资料管理

目前行业内尚无专门针对古树名木保护与复壮的监理规程，尤其是工程资料的编制缺少统一的分项划分依据，加大了古树名木保护与复壮工程监理的难度。在古树名木的保护复壮工程监理过程中，参照《园林绿化工程资料管理规程（DB 11/T 712）》的技术要求，结合多年的古树名木复壮实践经验，不断探索完善监理资料的编制，并多次指导施工方编制工程资料，经过不断斟酌，最终达到符合建设单位审核及园林绿化局资料审查小组的审核要求。

8.5.8 保修阶段监理工作内容

古树名木保护复壮工程保修阶段的服务工作在于注重定期回访，针对建设单位或古树所属管理单位提出的工程质量缺陷，安排监理人员展开检查并做好记录，而且应要求施工单位予以修复，同时对修复的实施过程进行监督，待合格后予以签认；对工程质量缺陷原因进行调查，并与建设单位、施工单位协商确定责任归属；对非施工单位原因造成的工程质量缺陷，核实施工单位申报的修复工程费用，并签认工程款支付证书，同时报建设单位；保修期结束后，配合建设单位、施工单位和古树名木管理接收单位，办理相关移交手续，结清尾款。

参考文献

蔡施泽，乐笑玮，谢长坤，等，2017. 3 种上海市常见古树粗跟系分布特征及保护对策 [J]. 上海交通大学学报 (农业科学版)(4): 7-14.
巢阳，卜向春，古润泽，2005. 北京市古树保护现状及存在问题 [J]. 北京园林，21(2): 38-41.
巢阳，李锦龄，卜向春，2005. 活古树无损伤年龄测定 [J]. 中国园林，21(8): 57-61.
陈志军，2022. 一级香樟古树保护性移植的技术实践与探讨 [J]. 现代园艺，11: 67-69.
董冬，何云核，周志翔，2010. 基于 AHP 和 FSE 的九华山风景区古树名木景观价值评价 [J]. 长江流域资源与环境，9: 1003-1009.
董家鑫，冯国庆，张中一，等，2023. 古树名木综合价值评估方法比较研究——以聊城市一级古树为例 . 山东林业科技 (4): 25-30.
杜宾，2015. 声波在古树保护中的应用研究 [J]. 山西林业，36(6): 24-25.
甘阳旭，2016. 树木雷达 (TRU) 在黄帝陵古柏骨干空腐和粗跟分布检测中的应用 [D]. 杨凌：西北农林科技大学 .
顾伟宏，闵昆龙，周秀明，2015. 探地雷达在林木无损检测应用初探 [J]. 安徽农业科学 (5): 345-347.
何军，刘宝强，聂亚芳，等，2024. 古槐迁地保护移植关键技术及复壮研究 [J]. 浙江林业科技，44(1), 72-79.
郭永台，1983. 用树皮确定树木年龄的方法 [J]. 林业资源管理 (5): 33.
国家林业局，2016. 古树名木鉴定规范：LY/T 2737-2016[S].
胡宝君，2010. 古树名木的保护及复壮措施 [J]. 安徽农学通报，16(12): 135, 202.
贾永生，乌志颜，于海蛟，等，2014. 基于 AHP 的赤峰市古树名木综合价值评价 [J]. 内蒙古林业科技，01: 43-46.
金川，申晓刚，陆萍，2018. 扬州瘦西湖景区古树健康监测与评价 [J]. 扬州职业大学学报，22(2): 47-51.
孔爱辉，袁学文，高发明，等，2018. 北方城市绿化施工中大规格乔木的移植技术 [J]. 绿色科技 (17): 78-79.
况太忠，2011. 古树名木衰败的原因及保护措施 [J]. 现代园艺 (7): 136.
黎彩敏，翁殊斐，庞瑞君，2010. 广州市种常用园林树木健康评价 [J]. 西北林学院学报，25(2): 203-207.
李锦龄，1998. 古树生态环境的研究简报 [J]. 北京园林，4: 8-10.
梁善庆，2008. 古树名木应力波断层成像诊断与评价技术研究 [D]. 北京：中国林业科学研究院 .
林玉美，曾岳明，陈少华，等，2003. 莲都区古树名木现状与保护措施 [J]. 浙江林业科技，23(5): 69-73.
刘硕，2022. 东北地区古树名木衰弱原因及复壮、养护措施解析 [J]. 现代园艺，45(22): 189-191.
刘颂颂，叶永昌，朱纯，2008. 东莞市古树名木健康状况初步研究 [J]. 广东园林 (1): 55-56.
刘向国，2020. 透气管和施肥沟对移植古树根系活力的影响 [J]. 植物医生 (6): 29-33.
刘晓莉，王思忠，周宇爝，等，2010. 成都市古树树龄鉴定方法探讨 [J]. 现代园林 (9): 12-15.

刘瑜, 2013. 北京市古树健康外貌特征评价研究 [D]. 北京 : 北京林业大学 .
罗红霞, 2015. 延安市黄陵县古柏迁地保护移植关键技术的研究 [D]. 杭州 : 浙江农林大学 .
米锋, 李吉跃, 张大红, 等, 2006. 北京地区林木损失额的价值计量研究——有关古树名木科学文化价值损失额计量方法的探讨 [J]. 北京林业大学学报, S2: 141-148.
农蕙瑗, 2019. 崇左市古树名木资源调查与综合价值评价 [D]. 南宁 : 广西大学 .
潘传瑞, 2009. 大树换根法 [J]. 中国花卉盆景 (8): 32-33.
彭丽芬, 李新贵, 2015. 大树移植技术研究与应用进展综述 [J]. 内蒙古林业调查设计 (3): 56-58.
千庆兰, 2002. 运用树木活力度进行城市生态环境质量评价初探 : 以吉林市为例 [J]. 哈尔滨师范大学自然科学学报, 1(18): 105-108.
全国绿化委员会, 2016. 全国绿化委员会关于进一步加强古树名木保护管理的意见 [J]. 国土绿化 (2): 8-10.
沈启昌, 2006. 古树名木林木价值评估探讨 [J]. 绿色财会 (1): 39-41
孙超, 车生泉, 2010. 古树名木景观价值评价——程式专家法研究 [J]. 上海交通大学学报 (农业科学版) (3): 209-217.
孙正, 2014. 古树名木的生长环境特点分析 [J]. 农业与技术, 34(1): 75-76.
汤珧华, 潘建萍, 黄祯强, 2014. 上海地区古树名木价值的计量方法探讨 [J]. 上海建设科技 (1): 68-70.
田广红, 黄东, 梁杰明, 等, 2003. 珠海市古树名木资源及其保护策略研究 [J] . 中山大学学报 : 自然科学版, 42(增刊 2): 203-209.
田利颖, 陈素花, 赵丽, 2010. 古树名木质量评价标准体系的研究 [J]. 河北林果研究 (1): 100-105.
王宝华, 2009. 中国古树名木文化价值研究 [D]. 南京 : 南京农业大学 .
王春玲, 王久丽, 2008. 北京市古树名木管理信息系统的设计与实现 [J]. 河北林果研究, 23(2): 225-227.
王丹英, 王建炜, 潘声雷, 2007. 北京市古树保护存在的问题及管理对策 [J]. 林业资源管理 (6): 29-33.
王继程, 2011. 古树名木综合价值评价研究 [D]. 南京 : 南京农业大学 .
王巧, 2016. 泰山油松古树衰老机理与树势评价 [D]. 泰安 : 山东农业大学 .
王玉山, 陶娟, 赵进红, 等, 2013. 古树名木研究概述 [J]. 安徽农业科学, 41(3): 1196-1198, 1201.
温小荣, 周春国, 徐海兵, 等, 2006. 中山陵园古树名木地理信息系统的研建 [J]. 南京林业大学学报 (自然科学版), 49(5): 139-142.
温小荣, 周春国, 徐海兵, 等, 2006. 组件式 GIS 技术在古树名木地理信息系统中的应用 [J]. 福建林业科技, 33(4): 73- 76.
翁殊斐, 黎彩敏, 庞瑞君, 2009. 用层次分析法构建园林树木健康评价体系 [J]. 西北林学院学报, 24(1): 177-181.
吴焕忠, 蔡墧, 2010. 古树价值计量评价的研究 [J]. 林业建设 (1): 31-35.
吴玉华, 杜宇峰, 蒙志辉, 等, 2010. 大树古树移植与养护促活综合管理措施 [J]. 安徽农业科学 (17): 9354-9357.
肖庆来, 李新星, 曹雯, 等, 2022. 古树名木移植技术探索与实践——以松阳县黄南水库工程淹没区古树移植为例 [J]. 浙江林业科技 (3): 86-91.
谢春平, 黄群, 方彦, 等, 2011. 图像处理法在古树名木树龄鉴定中的应用 [J]. 湖北农业科学 (20): 3.
徐炜, 2005. 古树名木价值评估标准的探讨 [J]. 华南热带农业大学报 (1): 66-69.
杨娱, 田明华, 秦国伟, 等, 2019. 城市古树名木综合价值货币化评估研究——以北京市古树“遮荫侯”为例 [J].

干旱区资源与环境，33(6): 185-191
杨娱，2020. 北京市古树名木保护与管理中的公众参与问题研究 [D]. 北京：北京林业大学.
杨韫嘉，王晓辉，乐也，等，2014. 古树名木价值等级的评估研究 [J]. 中国农学通报，10: 28-34.
叶广荣，何世庆，陈莹，等，2014. 广州市古树名木现状与保护对策 [J]. 热带农业科学，34(3): 87-91.
叶有华，虞依娜，彭少麟，等，2009. 澳门松山公园树木健康评估 [J]. 热带亚热带植物学报，17(2): 131-136.
佚名，2022. 第二次全国古树名木资源普查结果公布 全国古树名木共计 508.19 万株 [EB/OL]. (09-10)[2023-01-15] http://www.forestry.gov.cn/main/447/20220920/142124298138969.html.
袁传武，章建斌，张家来，等，2012. 湖北省古树年龄鉴定方法 [J]. 湖北林业科技 (1): 23-26.
詹运洲，周凌，2016. 生态文明背景下城市古树名木保护规划方法及实施机制的思考：以上海的实践为例 [J]. 城市规划学刊 (1): 106-115.
张乔松，杨伟儿，吴鸿炭，吴成斌 . 1985. 广州古树树龄鉴定初研 [J]. 中国园林（3）：43-46.
张雪莲，仇士华，2006. 夏商周断代工程中应用的系列样品方法测年及相关问题 [J]. 考古 (2): 9.
张正文，吕元兰，何帮亮，2012. 名木古树移栽技术与实践 [J]. 南方农业 (9): 42-45.
郑楠，魏东波，张立凯，2009. 基于 CT 图像的树木测龄法 [J]. 广州园林 (10): 49-53.
中华人民共和国建设部，2000. 关于印发《城市古树名木保护管理办法》的通知：建城 [2000]192 号 [A/OL].(12-14)[2023-01-15]https://www.mohurd.gov.cn/gongkai/zhengce/zhengcefilelib/200012/20001214_771449.html.
朱丽辉，陶艳萍，曾辉，等，2008. 沈阳东陵油松古树生长状况及保护对策 [J]. 山东林业科技 (3): 34-35.
邹嫦，康秀琴，罗开文，2017. 广西北海市古树名木资源特征分析 [J]. 林业资源管理 (3): 128-132.

川添陽平，吉田茂二郎，高嶋敦史等，2008. ヤクスギ天然林における年輪年代学的研究 [J]. 九州森林研究，（3）: 179-180.
船田良，近藤健彦，小林修，等，1995. 軟 X 線デンシトメトリーによるヤチダモ天然木の年輪解析 [J]. 北海道大学農学部演習林研究報告，52(1): 12-21.
鷲﨑弘朊，2011. 年輪年代法と炭素 14 年代法の問題点 [R]. 邪馬台国研究大会.
Donald H D, Paul G, Schaber G, 1999. Acid rain impacts on calcium nutrition and forest health[J]. Bio-Science, 49(10): 789-800.
Elizabeth A G, Thomas E S, 2004. PICUS Sonic tomography for the qua-ntification of dccay in whitcoak(Quercus alba) and Hickory(Carya Spp.)[J]. Journal of Arboriculture, 30(5): 277-280.
Forman R T T, Godron M, 1986. Landscape Ecology [M]. New York: John Wiley.
Gary W H, Caprlle J, Perry E D, 1989. Oak tree hazard evaluation[J]. Journal of Arboriculture, 15 (8): 177-184.
Gary W H, Perry E, Evens R, 1995. Validation of a tree failure evaluation system[J]. Journal of Arboriculture, 21(5): 233-234.
Ion D , Sergey V, 2008. Effects of climate and management history on the distribution and growth of sycamore (Acer pseudoplatanus L.)in a southern British woodland in comparison to native competitors[J]. Forestry, 81(1): 1-16.
Jim C Y, 1998. Soil characteristics and management in an urban park in Hong Kong[J]. Environmental Management, 5: 683-695.

Savard J P L, Clergeaub P, 2000. Mennechez G Biodiversity concepts and urban ecosystems. Landscape and Urban planning, 48: 131-142.

Sehmel G A, 2001. Particle and gas dry deposition a reciew[J]. Atomospheric Environment, 14: 983-1011.

Thayer, J R, 1989. The experience of sustainable Landscapes[J]. Landscape Journal, Fal: 101-111.

The Woodland Trust, 2010. Tree guides NO. 4: what are ancient, veteran and ot-her trees of special interest[M]. London: Ancient Tree Forun.

Victoria N, Tom R, Francis G, 2020. The Ancient Tree Inventory: a summary of the results of a 15 year citizen science project recording ancient, veteran and notable trees across the UK[J]. Biodiversity & Conservation: 29, 3103–3129.

附录A 古树名木标准规范名录

序号	类别	名称	编号
1	国家标准	城市古树名木养护和复壮工程技术规范	GB/T 51168—2016
2	行业标准	古树名木代码与条码	LY/T 1664—2006
3	行业标准	古树名木复壮技术规程	LY/T 2494—2015
4	行业标准	古树名木鉴定规范	LY/T 2737—2016
5	行业标准	古树名木普查技术规范	LY/T 2738—2016
6	行业标准	古树名木生态环境检测技术规程	LY/T 2970—2018
7	行业标准	古树名木管护技术规程	LY/T 3073—2018
8	行业标准	水电工程珍稀濒危植物及古树名木保护设计规范	NB/T 10487—2021
9	行业标准	古树名木防雷技术规范	QX/T 231—2014
10	地方标准	古树名木评价规范	DB 11/T 478—2022
11	地方标准	古树名木保护复壮技术规程	DB 11/T 632—2009
12	地方标准	古树名木日常养护管理规范	DB 11/T 767—2010
13	地方标准	古树名木健康快速诊断技术规程	DB 11/T 1113—2014
14	地方标准	古树名木雷电防护技术规范	DB 11/T 1430—2017
15	地方标准	古柏树养护与复壮技术规程	DB 11/T 3028—2022
16	地方标准	古树名木管理和养护技术规范	DB 13/T 2189—2015
17	地方标准	古树名木管护与复壮技术规程	DB 1302/T 505—2020
18	地方标准	古树名木功能修复技术规程	DB 1304/T406—2022
19	地方标准	古树名木评价技术规范	DB 14/T 1200—2015
20	地方标准	古树名木鉴定技术规程	DB 14/T 1249—2016
21	地方标准	古树名木二维码技术应用规范	DB 22/T 3509—2023
22	地方标准	古树名木和古树后续资源养护质量评价	DB 31/T 1294—2021

续表

序号	类别	名称	编号
23	地方标准	古树名木和古树后续资源养护技术规程	DB 31/T 682—2013
24	地方标准	银杏古树嫁接复壮技术规程	DB 3210/T 1102—2021
25	地方标准	古树名木保护复壮技术规程	DB 33/T 2565—2023
26	地方标准	古树（香樟、银杏、枫香）保护复壮管理规范	DB 3301/T 0202—2018
27	地方标准	古树名木健康诊断技术规程	DB 3301/T 1100—2019
28	地方标准	城市古树名木智慧管理规范	DB 3306/T 043—2022
29	地方标准	古树名木健康评价规范	DB 3311/T 93—2019
30	地方标准	黄山风景名胜区古树名木保护管理规范	DB 34/T 1556—2011
31	地方标准	黄山风景名胜区古树名木复壮技术规范	DB 34/T 1557—2011
32	地方标准	古树名木资源资产价值评估技术规范	DB 34/T 3546—2019
33	地方标准	古树名木养护与复壮技术规程	DB 35/T 1598—2016
34	地方标准	古树名木养护技术规范	DB 36/T 962—2017
35	地方标准	古树健康评价技术规范 油松	DB 37/T 3144—2018
36	地方标准	古树名木保护技术规范 银杏	DB 37/T 3524—2019
37	地方标准	古树名木管理规范 第1部分：档案管理	DB 37/T 3981.1—2020
38	地方标准	古树名木管理规范 第2部分：养护与复壮技术规程	DB 37/T 3981.2—2020
39	地方标准	衰老古树名木复壮技术规程	DB 41/T 1021—2015
40	地方标准	湖北省古树名木养护标准	DB 42/T 777—2012
41	地方标准	湖北省古树名木鉴定技术规程	DB 42/T 778—2012
42	地方标准	宜昌古树名木保护复壮技术规范	DB 4205/T 120—2023
43	地方标准	古树名木健康巡查技术规范	DB 4401/T 126—2021
44	地方标准	古树名木保护技术规范	DB 4401/T 50—2020
45	地方标准	古树名木养护管理技术规程	DB 45/T 2308—2021
46	地方标准	古树名木保护技术规范	DB 45/T 2310—2021
47	地方标准	古树名木养护和抢救复壮及管理技术规程	DB 51/T 2919—2022

注:标准统计截止至2024年10月31日。

附录B 古树名木常见害虫生物防治
——常见天敌及其使用方法

序号	天敌名称及学名	防治对象	应用时间	使用方法
1	周氏啮小蜂 *Chouioia cunea*	美国白蛾	6月上旬至7月下旬 7月下旬至9月下旬	1个美国白蛾网幕放蜂0.5万头，即1个网幕释放1个蜂茧；预防性防治，即每亩4~6个蜂茧
2	管氏肿腿蜂 *Scleroderma guani*	双条杉天牛	5月上旬至6月中旬	肿腿蜂与害虫的比例为4~5∶1。每亩放蜂1500~2500头；古柏及工程林因其本身价值高，放蜂量应适量加大，每株放蜂200~500头
		光肩星天牛	8月上旬至8月下旬	
		桃红颈天牛	7月上旬至9月中旬	
3	白蜡吉丁肿腿蜂 *Sclerodermus pupariae*	白蜡窄吉丁	6月中旬至8月中旬	同管氏肿腿蜂使用方法
		光肩星天牛	7月中旬至9月上旬	
		双条杉天牛	4月中下旬至6月中旬	
4	异色瓢虫 *Harmonia axyridis*	各类蚜虫、某些介壳虫、粉虱部分鳞翅目低龄幼虫	4~6月、9~10月	益害比1∶30~1∶60；100~200卡/亩
5	蒲螨 *Pyemotes* sp.	松梢螟	6中旬至7月下旬 9月中旬至10月	树胸径 × 20000~40000头/cm
		杨干象	4月下旬至5月上旬	树胸径 × 22000头/cm
		国槐叶柄小蛾	7月至9月	
		桃红颈天牛	7月至9月	
6	松毛虫赤眼蜂 *Trichogramma dendrolimi*	油松毛虫	6月中旬至7月	每公顷150万头，每次30万头/ hm^2，分4~5次放完
		栎纷舟蛾	7月中旬至8月下旬	
7	花绒寄甲 *Dastarcus helophoroides*	光肩星天牛	7月中旬至9月上旬	花绒寄甲成虫与害虫的比例为2∶1，花绒寄甲卵与害虫的比例为20∶1。每亩放成虫200~500头，每亩卵释放量为2000~4000粒，分别采用逐株或隔株放蜂
		松褐天牛	5月至9月	
		桑天牛	4月至5月	
		锈色粒肩天牛	4月上旬至6月上旬	

附录C 古树名木常见螨类发生规律及防治措施

序号	危害类型	有害生物名称及学名	寄主	发生期	防治措施	具体实施建议
1	刺吸类	朱砂叶螨 *Tetranychus cinnabarinus*	槐、海棠	①一年发生10余代，以受精雌成螨在土缝、树皮裂缝等处过冬。 ②翌年春季开始危害与繁殖，吐丝拉网，产卵于叶背主脉两侧或蛛网下面。 5月上旬第一代幼螨孵出，7~8月高温少雨时繁殖迅速。约10天繁殖1代，危害猖獗，易爆发成灾，出现大量落叶。高温、干热、通风条件差有利于繁殖和危害。10月越冬	天敌防治	保护瓢虫、植绥螨、花蝽、塔六点蓟马等天敌
					喷雾防治	早春花木发芽前喷施3~5波美度石硫合剂，消灭越冬螨体，兼治其他越冬虫卵。 危害期喷施1.8%爱福丁乳油3000倍液
2	刺吸类	柏小爪螨 *Oligonychus perditus*	桧柏、侧柏	①一年发生8代以上，以卵越冬。 ②翌年4月中旬前后越冬卵开始孵化。早春气温低，螨一般活动缓慢，密度小；随气温上升。5月底达发生危害高峰期。至11月下旬开始产卵在鳞叶上越冬。 ③鳞叶受害初期，呈现黄白色小点，鳞叶间有丝网，其上粘有尘土，叶呈灰绿色；当发现鳞叶枯黄时，螨体已经转移。危害一般先从树冠下部，后上部；先小树，后大树。春季越干旱发生越重	天敌防治	保护中华啮粉蛉、草蛉、瓢虫等天敌
					喷雾防治	早春花木发芽前喷施3~5波美度石硫合剂，消灭越冬螨体，兼治其他越冬虫卵。 在5月中下旬，喷施20%螨死净悬浮剂3000倍液、或1.8%阿维菌素乳油3000~5000倍液

附录D 古树名木常见刺吸类害虫发生规律及防治措施

序号	危害类型	有害生物名称及学名	寄主	发生期	防治措施	具体实施建议
1	刺吸类	柏大蚜 *Cinara tujafilina*	侧柏、圆柏等	①一年数代，主要以卵在柏叶上越冬，少数以无翅孤雌蚜在树皮缝和丛状枝背风处越冬。 ②害虫刺吸幼嫩枝干汁液危害为主，易造成抽枝量减少，甚至枝梢枯萎，受害部位布满大量分泌物，枝条颜色变淡，生长不良，易诱发煤污病	释放天敌	保护草蛉、食蚜蝇等天敌，在害虫危害时，释放异色瓢虫捕食防治。
					喷雾防治	发现植株受害时，使用10%吡虫啉可湿性粉剂1500倍液、25%噻嗪酮1000倍液等药剂，往树冠喷雾防治
2	刺吸类	草履蚧 *Drosicha corpulenta*	臭椿	若虫1月中下旬上树前	物理阻隔	树干胸径处围环粘虫胶带阻止其上树，并定期清除
				雄若虫4月下旬下树化蛹		被害树干周围挖沟填草，诱集成虫产卵并销毁
				雌成虫6月上旬下树产卵	喷雾防治	40%噻嗪酮悬浮剂1500倍液、3%高渗苯氧威4000倍液、3%高渗苯氧威4000倍液
3	刺吸类	斑衣蜡蝉 *Lycorma delicatula*	臭椿、榆树、海棠等	1~3月、10月、11~12月（斑衣蜡蝉越冬卵）	刮除卵块	37%万虫清乳油800倍液
				4~5月（斑衣蜡蝉幼虫）	施药喷雾防治	1.2%烟碱·苦参碱乳油1000倍液、5%吡虫啉乳油3000~4000倍液、5%啶虫脒乳油5000~6000倍液
				6~10月（斑衣蜡蝉成虫）		1.2%烟碱·苦参碱乳油1000倍液、5%吡虫啉乳油3000~4000倍液、5%啶虫脒乳油5000~6000倍液

续表

序号	危害类型	有害生物名称及学名	寄主	发生期	防治措施	具体实施建议
4	刺吸类	槐蚜 *Aphis sophoricola*	槐	5月上旬	清理越冬虫源	利用修枝剪、高枝剪剪除受害严重的枝条，或用清水冲洗；清除树冠下的杂草，消灭越冬虫源
				有翅蚜产生前	施药喷雾防治	根颈部和树冠下杂草上使用吡虫啉等药剂喷雾防治
				5~6月严重发生期	施药喷雾防治；释放天敌昆虫进行生物防治	10%吡虫啉可湿性粉剂2000倍液、1%烟碱·苦参碱1500倍液、2.5%溴氰菊酯乳油3000倍液药剂；瓢虫、小花蝽等天敌
					释放天敌	释放瓢虫、小花蝽等天敌
5	刺吸类	栾多态毛蚜 *Periphyllus koelreuteriae*	栾树等	秋季时期	缠绕草绳	树干缠绕草绳，引诱雌性并产卵，并集中销毁
				早春树体萌动前	施药喷雾防治	利用3~5波美度石硫合剂防治越冬卵
				4月上中旬（翅蚜产生前）	施药喷雾防治	6%吡虫啉乳油3000~4000倍液、1.2%烟碱·苦参碱乳油800~1000倍液等植物源类药剂
6	刺吸类	大青叶蝉 *Cicadella viridis*	榆、槐、臭椿、桧柏	1~3月、11~12月（越冬卵）	人工刮除	清除杂草，剪除有产卵痕的枝条；越冬卵量较大，用木棍挤压卵痕
				5月第一代若虫、成虫	施药喷雾防治	1.2%烟碱·苦参碱乳油1000倍液、2.5%的溴氰菊酯可湿性粉剂2000倍
				6~9月第二代、幼虫、成虫，第三代卵、幼虫、成虫（夏季卵盛期）	物理防治	夏季卵盛期，除草灭卵；7月若虫和成虫期用捕虫网采集若虫和成虫，直接烧毁；8月下旬清除林地、果园里的杂草，可减少迁入的成虫数量
						50%叶蝉散（扑灭威）可湿性粉剂1000倍液、25%噻嗪酮可湿性粉剂1500~2000倍

续表

序号	危害类型	有害生物名称及学名	寄主	发生期	防治措施	具体实施建议
7	刺吸类	梨网蝽 *Stephanitis nashi*	海棠	12月至翌年2月	农业防治	及时清除枯枝落叶和杂草；树干绑草把、刮树皮、翻树盘，消灭越冬成虫
				3月越冬成虫（出蛰盛期和若虫孵化盛期）	施药喷雾防治	70%吡虫啉水分散粒剂8000~10000倍液、除虫脲800~1000倍液、2.5%溴氰菊酯乳油1000~2000倍液
				6月初至9月	施药喷雾防治	苏维士（0.1%阿维菌素+100亿活芽倍液或克苏云金杆菌）可湿性粉剂1500倍液、10%吡虫啉可湿性粉
8	刺吸类	槐豆木虱 *Cyamophila willieti*	槐、龙爪槐和蝴蝶槐等	①一年4代，以成虫在树皮缝和杂草上越冬，世代重叠较重。若虫分泌物常诱发煤污病。 ②害虫刺吸叶片危害，具有扰民的习性。	喷雾防治	发现有若、成虫危害时，使用10%吡虫啉可湿性粉剂1500倍液、25%噻嗪酮1000倍液等药剂喷雾防治
9	刺吸类	白蜡绵粉蚧 *Phenacoccus fraxinus*	白蜡、栾树、榆	①一年1代，以若虫在树皮缝、翘皮下、芽鳞间做蜡囊越冬。3月中旬越冬若虫出囊危害，4月中旬成虫开始产卵，5月上旬新1代若虫孵化，持续危害至11月中旬。 ②若虫和雌成虫在枝条和叶背刺吸汁液危害，分泌的蜜露污染树冠下方植物及地面，枝干和叶背布满白色丝质状物，严重发生时造成枝条枯干甚至整株树木枯死	加强栽培管理	春季合理修剪，去除部分虫枝，保持树冠通风透光，降低虫口密度
					喷雾防治	早春树木发芽前，喷洒0.5波美度石硫合剂。3月下旬至4月上旬，枝干喷洒24.5%阿维矿物油、25%噻嗪酮可湿性粉剂1000倍液或20%螺虫•呋虫胺3000~4000倍液等药剂防治。5月上旬若虫孵化后，树冠喷施24.5%阿维矿物油、25%噻嗪酮可湿性粉剂1500倍液或1%高渗苯氧威1000倍液防治初孵幼虫

续表

序号	危害类型	有害生物名称及学名	寄主	发生期	防治措施	具体实施建议
10	刺吸类	秋四脉绵蚜 *Tetraneura akinire*	榆树	①一年发生近10代，以卵在榆树枝干裂缝、凹陷处越冬。4月上旬越冬卵陆续孵化出若蚜危害，在叶正面形成袋状虫瘿；5月中旬至6月上旬有翅蚜迁移到禾本科植物，并在根部繁殖危害，9月下旬至10月下旬有翅蚜迁回榆树产生性蚜，在枝干上交配产卵越冬。 ②若蚜和成蚜在嫩叶背面刺吸汁液，受害榆树叶片上形成虫瘿，初期绿色，后变为红色、褐色；被害植株生长衰弱	修剪清除	4月上旬至5月中旬，结合修剪摘除虫瘿。5月中旬前，清除榆树周围禾本科杂草植物
					药剂防治	使用5%啶虫脒乳油、22.4%螺虫乙酯悬浮剂2500~3000倍液等药剂对榆树周边的禾本科杂草植物进行喷雾防治。4月上旬若蚜孵化期、9月下旬至10月上旬有翅蚜迁回榆树后，使用5%啶虫脒乳油或22.4%螺虫乙酯悬浮剂2500~3000倍液对榆树枝干进行喷雾防治，每7~10天喷一次，连喷2次
11	刺吸类	悬铃木方翅网蝽 *Corythucha ciliata*	白蜡	①一年发生2~5代或更多世代，以成虫在树皮下、树皮裂缝内、地面落叶或土中越冬。4月下旬至10月中旬持续危害，7月下旬以后危害逐步加重。 ②以成虫、若虫在叶片背面刺吸汁液危害，受害叶片正面形成密集的黄白色斑点，叶背面出现锈色斑，影响树木光合作用，严重时造成叶片枯黄脱落、树势衰弱；可成群侵入办公场所和居民家中造成扰民	物理防治	秋冬季刮除疏松树皮层、收集销毁枯落叶，减少越冬成虫数量
					药物防治	4月下旬至10月中旬，使用25%噻虫嗪水分散粒剂3000倍液、5%啶虫脒乳油或22.4%螺虫乙酯悬浮剂2500~3000倍液，间隔7~10天喷一次，根据危害程度连喷2~3次
					天敌防治	保护和利用天敌。猎蝽、小花蝽、蜘蛛等对悬铃木方翅网蝽有较强的捕食能力

附录E 古树名木常见食叶类害虫发生规律及防治措施

序号	危害类型	有害生物名称及学名	寄主	发生期	防治措施	具体实施建议
1	食叶类	春尺蠖 *Apocheima cinerarius*	榆、槐等	2月上旬（成虫上树前）	阻隔诱杀	涂毒环：树干1.5m处刮除老树皮形成20cm宽的圆环，用废机油、敌杀死、食用油按30 ： 1 ： 0.25的比例配成混合液，用毛刷绕树干涂10~15cm的环，阻杀成虫
						粘虫胶带：先刮树皮（同上），然后涂刷粘虫胶或拦虫虎，胶环宽度为5~10cm。在树干胸径处围环阻止其上树，并定期清除成虫
						绑塑料袋：在树干1m处缠绕8~10cm的塑料环或胶带，胶带下缘紧贴树干，需结合地面喷药或者深埋才能达到防虫目的
				3月上旬（成虫产卵后）	喷药、人工除卵	喷药：5%氟虫脲1500~3000倍液、10%氟氰菊酯2000倍液
						人工除卵：该虫一般产卵于树干粗皮缝，分布在树干下部，可人工刮除或用树枝、石块砸死虫卵，定期清除围环下方卵块
				3月下旬至5月上旬（幼虫发生期）	施药喷雾防治	5%甲维·杀铃脲、25%甲维·灭幼脲1500~2000倍、1.8%的阿维菌素2000~2500倍喷雾、25%阿维灭幼脲悬浮剂1500~2000倍喷雾、2.5%溴氰菊酯乳油2000~3000倍液、4.2%高氯甲维盐乳油、25%甲维灭幼脲悬浮剂、1%苦参碱可溶液剂1500倍、4.5%高效氯氰菊酯1500倍液
2	食叶类	国槐尺蠖 *Semiothisa cinerearia*	槐、龙爪槐、蝴蝶槐等	3月底	诱杀	悬挂诱虫杀虫灯监测诱杀成虫
				5月中旬至6月上旬	施药喷雾防治	5%甲维·杀铃脲、25%甲维·灭幼脲、25%阿维·灭幼脲悬浮剂40~50倍喷雾、4.2%高氯甲维盐乳油、25%甲维·灭幼脲悬浮剂、1%苦参碱可溶液剂
					保护和利用天敌	天敌如凹眼姬蜂、细黄胡蜂、赤眼蜂等。公园内可以释放赤眼蜂进行防治

续表

序号	危害类型	有害生物名称及学名	寄主	发生期	防治措施	具体实施建议
3	食叶类	美国白蛾 *Hyphantria cunea*	臭椿、榆、槐等	3月29日之前	悬挂性信息素诱芯和诱虫杀虫灯	性信息素诱芯（诱捕器）和诱虫杀虫灯监测诱杀越冬成虫
				5月上旬至6月上旬、7月上旬至8月上旬、9月上旬至9月中旬	人工剪除网幕	针对第一代幼虫、第二代幼虫和第三代幼虫（3龄幼虫前）使用高枝剪，人工剪除网幕
				6月上旬至7月上旬、8月中旬至8月下旬、9月下旬至10月中旬（幼虫高发期）	施药喷雾防治	使用5%甲维•杀铃脲、25%甲维灭幼脲1000~1500倍液、虫螨腈、30%阿维•灭幼脲悬浮剂、4.2%高氯甲维盐乳油、25%甲维•灭幼脲悬浮剂、1%苦参碱可溶液剂1500倍液
4	食叶类	栎粉舟蛾 *Fentonia ocypete*	栎类	6月中旬前（成虫羽化前）	悬挂诱虫杀虫灯	在林间空旷区域安装高压钠灯，下面挖水池充水（或制作储水木箱），将灯架设到水池上面，在羽化高峰期晚间开灯诱杀成虫
				7~8月下旬（幼虫4龄以前）	施药喷雾防治	使用5%甲维•杀铃脲1500~2000倍液、25%甲维•灭幼脲1000~1500倍液、虫螨腈、26%阿维灭幼脲3号1500倍液、4.2%高氯甲维盐乳油、25%甲维灭幼脲悬浮剂1000~1500倍液、1.2%烟碱•苦参碱乳油800~1000倍液、1%苦参碱可溶液剂2000倍液
					释放天敌	释放赤眼蜂天敌，赤眼蜂使用方法见附录B
5	食叶类	栎掌舟蛾 *Phalera assimilis*	栎、榆等	7~9月幼虫发生期	剪除病虫枝	利用修枝剪、高枝剪对幼龄幼虫尚未分散前组织人力剪除有虫叶片
				7~9月幼虫危害期	施药喷雾防治	25%甲维•灭幼脲1000~1500倍液、虫螨腈、30%阿维•灭幼脲悬浮剂、4.2%高氯•甲维盐乳油、25%甲维•灭幼脲悬浮剂1500倍液、1%苦参碱可溶液剂、45%丙溴•辛硫磷1000倍液、5.7%甲维盐2000倍混合液、40%啶虫脒1500~2000倍液喷杀

续表

序号	危害类型	有害生物名称及学名	寄主	发生期	防治措施	具体实施建议
6	食叶类	黄刺蛾 *Cnidocampa flavescens*	榆、海棠等	一年1代，成虫期为6月上旬至7月上旬，7月上旬至9月下旬可见幼虫危害。	去除越冬虫茧	冬季人工摘除或结合修剪
					诱杀	成虫趋光性强，可利用杀虫灯进行诱杀
					喷雾防治	低龄幼虫期可选用20%除虫脲悬浮剂2000~4000倍液、25%甲维·灭幼脲悬浮剂2000~4000倍液等药剂，高龄幼虫期可选用3%甲维盐微乳剂4000~6000倍液、1.2%烟碱·苦参碱乳油1000~2000倍液等药剂
7	食叶类	舞毒蛾 *Lymantria dispar*	榆、栎、黑枣等	一年1代，幼虫期从4月初至6月下旬，5月中下旬为幼虫危害盛期，6月中下旬成虫羽化	物理防治	人工刮除越冬卵块，5月上旬树干绑草把诱集下树幼虫，及时集中销毁
					诱杀成虫	6~7月，利用杀虫灯、性信息素诱芯监测诱杀成虫
					喷雾防治	低龄幼虫期可选用20%除虫脲悬浮剂2000~4000倍液、25%甲维·灭幼脲悬浮剂2000~4000倍液等药剂，高龄幼虫期可选用3%甲维盐微乳剂4000~6000倍液、1.2%烟碱·苦参碱乳油1000~2000倍液等药剂
8	食叶类	杨雪毒蛾 *Stilpnotia candida*	栎树	一年2代，5月下旬至10月均可见成虫，幼虫一年有3次危害期，分别为4月中下旬、6月中下旬和8月上中旬	药环防治	利用幼虫上下树习性，树干围环阻隔，并定期喷药环防治
					诱杀成虫	5~10月，利用杀虫灯监测诱杀成虫
					喷雾防治	低龄幼虫期可选用20%除虫脲悬浮剂2000~4000倍液、25%甲维·灭幼脲悬浮剂2000~4000倍液等药剂，高龄幼虫期可选用3%甲维盐微乳剂4000~6000倍液、1.2%烟碱·苦参碱乳油1000~2000倍液等药剂
9	食叶类	黄褐天幕毛虫 *Malacosoma neustria testacea*	榆、海棠等	一年1代，4月下旬幼虫分散危害，5月中旬老熟幼虫卷叶结茧化蛹。6月中旬成虫羽化，多产卵于小枝上，密集排列呈“顶针”状	人工防治	秋冬季结合修剪人工剪除小枝上的越冬卵块
					诱杀成虫	6月开始利用杀虫灯监测诱杀成虫
					喷雾防治	低龄幼虫期可选用20%除虫脲悬浮剂2000~4000倍液、25%甲维·灭幼脲悬浮剂2000~4000倍液等药剂，高龄幼虫期可选用3%甲维盐微乳剂4000~6000倍液、1.2%烟碱·苦参碱乳油1000~2000倍液等药剂

续表

序号	危害类型	有害生物名称及学名	寄主	发生期	防治措施	具体实施建议
10	食叶类	榆蓝叶甲 *Pyrrhalta aenescens*	榆	①一年发生1~2代，以成虫在建筑物缝隙及枯枝落叶下越冬。4月上旬至10月上旬为成虫危害期，5月上旬至9月下旬为幼虫危害期，6月上旬至7月中旬和8月下旬至9月下旬为老熟幼虫群集化蛹期。 ②成虫和幼虫取食叶片成网眼或孔洞，甚至将叶片全部吃光；春季、夏季成虫会大量进入室内，易发生扰民现象	物理防治	6月上旬至7月中旬和8月下旬至9月下旬，人工清除枝干伤疤处、裂缝处的老熟幼虫和蛹。
					药物防治	5月和7月初孵幼虫期，使用1.2%烟碱•苦参碱乳油1000倍液等药剂喷雾防治。 4月上旬至10月上旬成虫发生期，使用1.2%烟碱•苦参碱或3%高渗苯氧威乳油1000倍液等药剂喷雾防治
11	食叶类	榆毒蛾 *Ivela ochropoda*	榆	①一年2代，以幼虫在树皮缝隙结白色薄茧群集越冬。5月下旬至9月上旬为成虫期；4~10月为幼虫发生危害期。 ②幼虫取食叶片呈透明网状、孔洞或缺刻；具暴食性，发生量大时可将叶片食光，5月上中旬、7月下旬至8月中旬易发生灾害	物理防治	6月中下旬、9月上中旬，人工摘除带卵枝条、叶片和初孵群集危害的幼虫 5月下旬至9月上旬，设置杀虫灯诱杀成虫
					药物防治	4月、6月中旬至7月上旬、9月中下旬低龄幼虫期，使用Bt乳剂500~800倍液、5%杀铃脲或25%灭幼脲悬浮剂1000~1500倍液等仿生物制剂喷雾防治；高龄幼虫期，使用1.2%烟碱•苦参碱乳油1000~1500倍液等药剂喷雾防治
12	食叶类	油松毛虫 *Dendrolimus tabulaeformis*	油松	①1年发生1代。以幼龄幼虫在树干基部浅土层、树皮裂缝或石块下越冬。翌年3月上树危害，取食2年生针叶。6月老熟幼虫在针叶间化蛹。 ②北京7~8月灯下可见成虫	保护天敌	利用松毛虫信息素监测、防治。保护和利用赤眼蜂等天敌
					灯光诱杀	7~8月，利用成虫有趋光性，灯光诱杀成虫

附录F 古树名木常见钻蛀类害虫发生规律及防治措施

序号	危害类型	有害生物名称及学名	寄主	发生期	防治措施	具体实施建议
1	钻蛀类	红脂大小蠹 *Dendroctonus valens*	油松、白皮松	4月上旬至6月中下旬	悬挂性信息素诱芯（诱捕器）	使用引诱剂监测诱杀成虫
					施药喷雾防治	3%噻虫啉1500倍液、绿色威雷30倍液
					释放天敌	蒲螨使用方法见附录B
2	钻蛀类	双条杉天牛 *Semanotus bifasciatus*	侧柏、桧柏	2月下旬至8月上旬	诱木	及时清除周边区域内带虫死树、死枝，消灭虫源木，于2月底用诱木（新伐直径4cm以上的柏树木段）堆积在林外诱杀成虫
					药剂喷施	3%噻虫啉2000倍液
				5月末前（幼虫期）	释放天敌	幼虫期释放天敌昆虫，如蒲螨或肿腿蜂
3	钻蛀类	松梢螟 *Dioryctria splendidella*	油松、白皮松	1~3月、11~12月（越冬幼虫期）	人工剪除虫害枝，消灭越冬代幼虫	修枝剪、高枝剪
				4~10月	诱杀	采取堵孔防治，于春夏两季进行，用黄土、红油漆、柴油混合配成毒泥堵孔
					大面积防治时施药喷雾防治	2.5%溴氰菊酯1000~2000成虫倍液加入10%农药长效缓释剂喷雾，效果更佳；阿维烟剂1%乳油225 mL/hm^2喷施；98%巴丹原粉0.05%稀释液

续表

序号	危害类型	有害生物名称及学名	寄主	发生期	防治措施	具体实施建议
4	钻蛀类	光肩星天牛 *Anoplophora glabripennis*	榆、元宝枫	一年1代，5月中旬至8月下旬，在枝干可以发现成虫活动，其他时间可以在树干上发现圆形孔洞及木屑	人工防治	5月下旬至8月下旬，在树干上人工捕捉成虫，发现受害严重的枯死木，及时清理并烧毁
					天敌防治	5月上旬，在树干上有虫粪的虫孔旁悬挂花绒寄甲卵卡，其使用方法见附录B
					喷雾防治	5月中旬至8月下旬，向树干喷洒8%绿色威雷触破式微胶囊水剂300倍液或3%噻虫啉微囊悬浮剂400~800倍液树干树冠喷雾防治。
5	钻蛀类	桑天牛 *Apriona germari*	榆、栎	两年1代，6、8月在枝干可以发现成虫活动，常在1年生枝条上发现成虫咬成的“川”形刻槽	人工防治	6月下旬至8月中旬，在树干上人工捕捉成虫
					喷雾防治	6月下旬至8月中旬，向树干喷洒8%绿色威雷触破式微胶囊水剂300倍液或3%噻虫啉微囊悬浮剂400~800倍液
6	钻蛀类	松阴吉丁 *Phaerops yin*	油松	一年1代，以幼虫在树皮下越冬。4月底至7月可见成虫。受害后，枯死木树皮逐渐变干，易剥落。	诱木诱杀	5~7月设置新鲜的枝干作诱木诱杀成虫
					加强栽培管理	加强管护，及时浇水，提高生长势，增强抵抗力，减轻虫害的发生
					喷雾防治	5~7月树干喷洒8%绿色威雷触破式微胶囊水剂400倍液
7	钻蛀类	品穴星坑小蠹 *Pityogenes scitus*	白皮松	一年2代，以成虫和幼虫在坑道内越冬。4月底至9月下旬均可见成虫，成虫盛发期为5月上中旬、7月中下旬至8月。入侵生长衰弱的寄主植物主干和小枝，严重的可造成树木死亡	诱木诱杀	5月和8月设置新鲜的枝干作诱木诱杀成虫
					加强栽培管理	加强管护，及时浇水，提高生长势，增强抵抗力，减轻虫害的发生
					喷雾防治	5月和8月树干喷洒8%绿色威雷触破式微胶囊水剂400倍液

续表

序号	危害类型	有害生物名称及学名	寄主	发生期	防治措施	具体实施建议
8	钻蛀类	柏肤小蠹 *Phloeosinus aubei*	侧柏、圆柏、龙柏	多为一年1代，以成虫和幼虫在小枝内危害。3月中旬越冬成虫飞出寻找衰弱树侵入小枝，4月中旬开始常可见受害枝梢风折下垂于树冠或落地，6月上中旬新一代成虫羽化，转移至树冠危害小枝，9月中下旬成虫回到较粗枝梢皮层内越冬	加强栽培管理	加强养护管理，增强树势，及时将抚育、间伐下来的树木和枝梢清除出林地
					天敌防治	4月上中旬至5月中旬释放蒲螨、管氏肿腿蜂等天敌。天敌使用方法见附录B
					喷雾防治	3月中旬至4月中旬、6月上旬至7月上旬设置饵木和诱液监测诱杀成虫，也可使用8%绿色威雷触破式微胶囊水剂400倍液或4.5%高效氯氰菊酯乳油1500倍液喷雾或喷烟防治
9	钻蛀类	锈色粒肩天牛 *Apriona swainsoni*	槐、龙爪槐、五叶槐	①两年发生1代，以幼虫在蛀道内越冬，4月上旬幼虫开始钻蛀危害，6月上旬至9月中旬为成虫发生期。成虫羽化孔似一分钱硬币大小。 ②以幼虫蛀食危害，危害初期，在树干可见黑褐色液滴流出，后期受害处隆起，呈“关节状”，被害树叶片发黄，枝条干枯，树皮腐烂脱落，甚至整株死亡。成虫具有取食新梢嫩皮的习性，受害小枝木质部外露，呈明显白色	天敌防治	幼虫期（4月上旬开始）释放花绒寄甲等天敌，其使用方法见附录B。
					化学药物防治	蛀孔注入1.8%阿维菌素乳油500倍液防治。
						6月上旬至9月中旬成虫发生期，人工捕捉或枝干喷洒8%绿色威雷触破式微胶囊水剂400倍液或3%噻虫啉微囊悬浮剂800倍液等药剂防治
10	钻蛀类	巨胸虎天牛 *Xylotrechus magnicollis*	槐、栎树、黑枣等	幼虫钻蛀危害，受害树木韧皮部和木质部剥离，充满大量木屑和虫粪；羽化孔圆形	加强栽培管理	加强树木养护管理，增强树势，并清除销毁严重受害木
					化学药物防治	5月中旬至7月中旬成虫发生期，使用8%绿色威雷触破式微胶囊水剂400倍液或3%噻虫啉微囊悬浮剂800倍液等枝干喷雾防治

续表

序号	危害类型	有害生物名称及学名	寄主	发生期	防治措施	具体实施建议
11	钻蛀类	白蜡窄吉丁 *Agrilus planipennis*	白蜡树、水曲柳等	①一年1代，以幼虫在树皮下蛀道内越冬。4月上旬老熟幼虫开始化蛹，4月下旬~6月下旬为成虫羽化期，6月上旬至10月中旬为幼虫危害期。 ②幼虫多在枝干浅表层蛀食，8月中旬后部分幼虫进入木质部危害；受害树枝叶稀疏发黄，树皮出现纵裂，且常在树干基部发生萌蘖，受害严重时树木枯死	加强栽培管理	加强水肥管理，提高树势，提高树木抗虫性
					药物防治	4月下旬至6月下旬成虫期防治。4月20日前（成虫羽化前）树干围诱捕网捕杀成虫；设置25cm×40cm黄绿色粘虫板监测诱杀成虫，每亩悬挂4~10块；选用8%绿色威雷触破式微胶囊剂400倍液、4.5%高效氯氰菊酯乳油1500倍液或3%噻虫啉微胶囊悬浮剂800倍液防治，4月25~30日（成虫羽化出孔始期）初次喷施，5月10~15日、5月25~30日分别再次喷施，树干、树冠喷雾施药、喷湿喷透。7月中旬至8月中旬可使用0.3%印楝素15倍液等内吸性杀虫剂注射防治幼虫
					天敌防治	可于3月下旬至4月中旬释放蒲螨防治幼虫；4月上旬至中旬、7月中旬至8月中旬释放白蜡吉丁肿腿蜂等防治老熟幼虫和蛹，其使用方法见附录B
12	钻蛀类	小线角木蠹蛾 *Holcocerus insularis*	白蜡、槐、银杏、元宝枫	①两年1代，以幼虫在枝干蛀道内越冬。3月至11月为幼虫危害期，5月下旬至9月中旬成虫发生期。 ②幼虫蛀食枝干皮层和木质部，多发生在枝杈处，常有蛀屑和虫粪堆集，发生严重时枝干被害处横截面千疮百孔，易出现风折	加强栽培管理	及时清除受害严重的树木和枝条
					诱杀	5月下旬至9月中旬，利用杀虫灯和诱捕器诱杀成虫
					药物防治	4~10月，向排粪孔内注射小卷蛾斯氏线虫液或70%吡虫啉水分散粒剂200倍液等防治幼虫。6~9月卵和初孵幼虫期，使用2.5%高效氯氟氰菊酯3000倍液等药剂树干喷雾防治
					生物防治	

续表

序号	危害类型	有害生物名称及学名	寄主	发生期	防治措施	具体实施建议
13	钻蛀类	云斑白条天牛 *Batocera lineolata*	白蜡、榆、栓皮栎	① 2~3年1代，以幼虫或成虫在蛀道内越冬。4~6月越冬成虫出孔、取食、交尾、产卵，7月幼虫孵化危害，翌年8月老熟幼虫化蛹，9~10月成虫在蛹室内羽化越冬；4~11月为幼虫危害期。② 成虫取食嫩叶及新梢嫩皮补充营养，喜傍晚集中在树干爬行求偶，卵多产于树干1.5~2m处；幼虫蛀食枝干危害，受害处树皮向外纵裂，根茎处可见大量丝状粪屑，危害轻则影响树木生长、重则造成树木死亡	物理防治	5~7月，人工敲击产卵部位除治卵和初孵幼虫。4~6月，成虫补充营养期，设置杀虫灯诱杀成虫，或在傍晚进行人工震落、捕杀成虫
					药物防治	4月对受害树种进行树干涂白。使用8%绿色威雷触破式微胶囊剂或3%噻虫啉微囊悬浮剂400倍液等药剂在 树干或树冠喷雾防治
					天敌防治	4~11月，虫孔注射70%吡虫啉水分散粒剂200倍液防治幼虫。6月上旬至10月上旬，释放花绒寄甲、喷洒小卷蛾斯氏线虫液（6万条/mL）或球孢蛀白僵菌（浓度为1×106孢子/mL）防治。花绒寄甲使用方法见附录B
14	钻蛀类	桃红颈天牛 *Aromia bungii*	栎、黑枣	①两年发生1代，以幼龄幼虫和老熟幼虫在树干蛀道内越冬。3月越冬幼虫开始活动危害，6月上旬老熟幼虫化蛹，6月中旬~8月中旬为成虫发生期，卵多产于距地面35cm以下的树皮缝内。②幼虫多由上向下蛀食，树干上的蛀孔外及地面上常堆积大量红褐色粪屑，造成树皮剥离，致树木衰弱甚至枯死	物理防治	6月中旬至8月中旬成虫期，人工捕杀成虫、灯光诱杀或糖醋液诱杀防治；6月前树干涂白，减少成虫产卵
					药物防治	6月中旬至8月中旬成虫期，使用8%绿色威雷触破式微胶囊剂400倍液或3%噻虫啉微囊悬浮剂800倍液等药剂树干喷雾防治
					生物防治	5~9月，释放管氏肿腿蜂、花绒寄甲，喷洒小卷蛾斯氏线虫液（6万条/mL）或球孢白僵菌（浓度为1×10^6孢子/mL）防治幼虫。管氏肿腿蜂、花绒寄甲的使用方法见附录B

续表

序号	危害类型	有害生物名称及学名	寄主	发生期	防治措施	具体实施建议
15	钻蛀类	沟眶象和 *Eucryptorrhynchus scrobiculatus* 臭椿沟眶象 *Eucryptorrhynchus brandti*	臭椿	①常混合发生。一年1代，4~10月可见成虫，不善飞翔，有时会上灯。以幼虫在树干内，成虫在树干基周围表土下越冬。②以幼虫钻蛀危害，树干受害处常有白色泪痕状胶状液溢出。林缘、人工林和行道树受害较重，可造成寄主植物死亡	物理防治	及时清理受害严重的树木。4~10月（成虫期），树干基部缠绕捕获网捕杀成虫；利用成虫假死性人工捕杀
					药物防治	4~10月（成虫期）树干喷洒3%噻虫啉微囊悬浮剂800倍液等药剂防治
16	钻蛀类	楸蠹野螟 *Omphisa plagialis*	楸树、梓树、黄金树	①一年1或2代，以老熟幼虫在枝条内越冬。4、7、8月可见成虫，具趋光性。②以幼虫在嫩梢内蛀食危害，髓心及大部分木质部被蛀空，外侧形成长圆形虫瘿，并从蛀空排出虫粪及蛀屑。5年以下幼树被害重，大树被害轻；上部枝条被害重，下部枝条轻	物理防治	4~8月灯光诱杀成虫。冬季剪除虫瘿并处理
					化学防治	幼虫侵入期喷施10%吡虫啉可湿性粉剂1000倍液

续表

序号	危害类型	有害生物名称及学名	寄主	发生期	防治措施	具体实施建议
17	钻蛀类	国槐叶柄小蛾 *Cydia trasas*	槐、龙爪槐等	①以幼虫钻食危害槐树的叶柄基部、枝条嫩梢、花穗及槐豆等，多从羽状复叶柄的基部蛀入危害，在蛀入前，先吐丝拉网，并在网下咬树皮，然后钻入枝条内，被害处常见胶状物中混杂有虫粪。 ②一年可以发生两代，冬天以幼虫在果荚、树皮裂缝等地方进行越冬。第二年4月下旬越冬幼虫开始化蛹，5月上旬至6月中旬为第一代成虫羽化期，成虫羽化时间以上午最多，飞翔力强，有较强的向阳性和趋光性，成虫在叶片背面、嫩梢等处产卵，卵期一般为7天。6月上旬第一代幼虫开始孵化，危害期发生在6月上旬至7月下旬，老熟幼虫在孔内吐丝作薄茧化蛹，蛹期9天左右。第二代成虫发生期在7月上中旬至8月上旬，第二代幼虫发生期在7月中旬至9月。7~8月两代幼虫重叠，是国槐叶柄小蛾危害高发期。8月中下旬槐树果荚逐渐形成后，大部分幼虫转移到果荚内危害，9月可见到槐豆变黑，10月中旬以老熟幼虫在树皮缝或果荚里越冬	物理防治	在槐落叶后，打落槐豆集中进行销毁，减少虫源。冬季在树干上绑草把或草绳诱杀越冬幼虫。夏季幼虫危害时剪掉槐豆荚和被危害后萎缩、打蔫的嫩梢，集中处理
					生物防治	利用黑光灯进行灯光诱杀。悬挂性诱捕器，掌握好挂性诱捕器的时期，5月下旬、7月中旬、8月中旬分三次悬挂性诱捕器
					药剂防治	在6月上中旬2龄前幼虫期，选用25%灭幼脲悬浮剂1000倍至1500倍液喷施。防治大龄幼虫时，可选用50%杀螟松1000倍液进行喷施

附录G 古树名木常见叶部病害发生规律及防治措施

序号	病害	病原物	危害植物	发生期	防治措施	具体实施建议
1	苹桧锈病	山田胶锈菌 *Gymnosporangium asiaticum*	桧柏、海棠等	4~10月	栽培管理	新建区域避免仁果类果树与柏科古树近距离栽植。
					人工修剪	冬季剪除柏树上的瘿瘤。
					药剂处理	春季第一场透雨后，孢子萌发扩散前在柏树上连喷2次1~3波美度石硫合剂，在仁果类果树上使用20%三唑酮乳油800倍液、70%甲基硫菌灵可湿性粉剂1500倍液、25%丙环唑水剂800倍液等药剂喷雾防治。
					7~10月病菌转移到柏树时，使用波尔多液等喷雾防治	7~10月病菌转移到柏树时，使用波尔多液等药剂喷雾防治
2	松落针病	松针散斑壳菌 *Lophodermium pinastri*	油松、白皮松	3~4月间发病	清除病叶病枝	及时清除发病枝条及落叶。
					预防药剂处理	及时间伐，提高生长势，增强抵抗力，减少病害侵害。及时清除带病松针、枯死木。
					药剂防治	5月以后，降雨后使用50%多菌灵可湿性粉剂500~1000倍液喷洒树冠，进行预防

附录H 古树名木常见枝干病害发生规律及防治措施

序号	病害	病原物	危害植物	发生期	防治措施	具体实施建议
1	杨树溃疡病	葡萄座腔菌 *Botryosphaeria dothidea*	海棠、核桃等	5月下旬至6月上旬为第一次发病高峰期，8~9月第2次发病高峰期	栽培管理 涂白、药剂预防 药剂防治	及时浇水，保持树体充足的水分。感病初期，彻底刮除病皮。切口要深达木质部，平滑整齐利于愈合。刮后涂抹伤口保护剂。10月下旬开始树干涂白或利用3~5波美度石硫合剂涂干或喷干预防。将病斑彻底刮除干净，后喷洒50%多菌灵可湿性粉剂500~1000倍液，连续喷洒3次，间隔7~10天喷洒一次
2	国槐烂皮病	镰刀菌 *Fusarium* sp.和小穴壳菌 *Dothiorella* sp.	槐、龙爪槐等	3月上旬开始发生，3月中下旬至4月下旬为发病盛期	栽培管理 药剂预防 修剪病虫枝 药剂防治 媒介防治 涂白 喷雾防治	移栽时避免伤根或剪枝过重，增强树势，提高抗病力；9月以后注意控水控氮，春秋两季，枝干及剪口处喷涂波尔多液。及时剪除病枯枝。及时使用1.2%烟碱·苦参碱乳油1000~2000倍液防治叶蝉（叶蝉发生于4~10月）等传播媒介昆虫。3月中下旬至4月下旬发病严重时，使用50%多菌灵可湿性粉剂700倍液等药剂喷雾防治
3	松材线虫病	松材线虫 *Bursaphelenchus xylophilus*	油松、白皮松	近距离传播靠松墨天牛，远距离传播主要通过携带松材线虫及松墨天牛的苗木、原木、木制品和木质包装材料。发病松树针叶陆续变为黄褐色乃至红褐色，萎蔫，木质部多有蓝变现象	诱木诱杀	5~10月设置诱捕器诱集松墨天牛，发现天牛及时送当地林保部门进行鉴定
					加强植物检疫	检查松木及其制品（松原木、松板材、支撑杆、林间木质设施、电缆盘以及木质包装）是否有变蓝、天牛虫道等，如有发现，及时送林保部门进一步鉴定
					加强巡视巡查	巡查中发现松针枯黄的松树，在不能判断死亡原因时，及时拍照、定位并报当地林保部门，及时采样，进行鉴定。如果确定为松材线虫病时，应及时主动配合林保部门开展除治工作

附录Ⅰ 古树名木树冠整理最佳时期

种类	科名	中文名	学名	整理时期
常绿古树	柏科	侧柏	*Platycladus orientalis*	冬季寒流冷锋过境后
		圆柏（桧柏）	*Juniperus chinensis*	冬季寒流冷锋过境后
		龙柏	*Sabina chinensis* 'Kaizuca'	冬季寒流冷锋过境后
	松科	油松	*Pinus tabuliformis*	冬季寒流冷锋过境后
		白皮松	*Pinus bungeana*	冬季寒流冷锋过境后
落叶古树	银杏科	银杏	*Ginkgo biloba*	落叶后至萌芽前
	无患子科	栾树	*Koelreuteria paniculata*	落叶后至萌芽前
		文冠果	*Xanthoceras sorbifolia*	落叶后至萌芽前
	槭树科	元宝枫（华北五角枫）	*Acer truncatum*	展叶后
		五角枫	*Acer pictum* subsp. *mono*	展叶后
	木兰科	白玉兰	*Magnolia denudata*	生长旺季，早春萌芽期间
		二乔玉兰	*Magnolia* × *soulangeana*	生长旺季，早春萌芽期间
	卫矛科	丝棉木（明开夜合、白杜）	*Euonymus bungeanus*	落叶后至萌芽前
	紫葳科	楸树	*Catalpa bungei*	落叶后至萌芽前
		黄金树	*Catalpa speciosa*	落叶后至萌芽前
		梓树	*Catalpa ovata*	落叶后至萌芽前
	杜仲科	杜仲	*Eucommia ulmoides*	落叶后至萌芽前

续表

种类	科名	中文名	学名	整理时期
落叶古树	楝科	楝（苦楝）	*Melia azedarach*	落叶后至萌芽前
	壳斗科	栓皮栎	*Quercus variabilis*	落叶后至萌芽前
		麻栎	*Quercus acutissima*	落叶后至萌芽前
		槲树（波罗栎、菜树）	*Quercus dentata*	落叶后至萌芽前
		槲栎	*Quercus aliena*	落叶后至萌芽前
		蒙古栎（橡树）	*Quercus mongolica*	落叶后至萌芽前
	胡桃科	胡桃楸（核桃楸）	*Juglans mandshurica*	展叶后
	鼠李科	枣树	*Ziziphus jujuba*	落叶后至萌芽前
		酸枣	*Ziziphus jujuba* var. *spinosa*	落叶后至萌芽前
		拐枣（北枳椇）	*Hovenia dulcis*	落叶后至萌芽前
	榆科	小叶朴	*Celtis bungeana*	展叶后
		榆树（白榆）	*Ulmus pumila*	展叶后
		青檀	*Pteroceltis tatarinowii*	展叶后
	椴树科	蒙椴（小叶椴）	*Tilia mongolica*	落叶后至萌芽前
		紫椴	*Tilia amurensis*	落叶后至萌芽前
		欧洲大叶椴	*Tilia platyphyllos*	落叶后至萌芽前
	七叶树科	七叶树（娑罗树）	*Aesculus chinensis*	落叶后至萌芽前
	蔷薇科	杜梨	*Pyrus betulifolia*	落叶后至萌芽前
		海棠花（海棠）	*Malus spectabilis*	落叶后至萌芽前
		西府海棠	*Malus micromalus*	落叶后至萌芽前

续表

种类	科名	中文名	学名	整理时期
落叶古树	柿树科	君迁子	*Diospyros lotus*	落叶后至萌芽前
	豆科	槐（国槐）	*Styphnolobium japonicum*	落叶后至萌芽前
		龙爪槐	*Sophora japonica* var. *pendula*	落叶后至萌芽前
		五叶槐（蝴蝶槐）	*Sophora japonica* var. *oligophylla*	落叶后至萌芽前
		皂荚（皂角）	*Gleditsia sinensis*	落叶后至萌芽前
	杉科	水杉	*Metasequoia glyptostroboides*	落叶后至萌芽前
	漆树科	漆树	*Toxicodendron vernicifluum*	落叶后至萌芽前
		黄连木	*Pistacia chinensis*	落叶后至萌芽前
	木犀科	白蜡树	*Fraxinus chinensis*	落叶后至萌芽前
		水曲柳	*Fraxinus mandshurica*	落叶后至萌芽前
		流苏树（茶叶树）	*Chionanthus retusus*	落叶后至萌芽前
		紫丁香	*Syringa oblate*	落叶后至萌芽前
		北京丁香	*Syringa pekinensis*	落叶后至萌芽前
		暴马丁香	*Syringa reticulata* var. *amurensis*	落叶后至萌芽前
	芸香科	黄檗（黄波罗）	*Phellodendron amurense*	落叶后至萌芽前
	山茱萸科	毛梾（车梁木）	*Cornus walteri*	落叶后至萌芽前
	苦木科	臭椿	*Ailanthus altissima*	落叶后至萌芽前